我就要让这世界香

我的品茗记录

许玉莲 著

中华书局

图书在版编目(CIP)数据

我就要让这世界香/许玉莲著. —北京:中华书局,2015.1
ISBN 978-7-101-10292-5

Ⅰ.我… Ⅱ.许… Ⅲ.茶叶-文化-中国 Ⅳ.TS971

中国版本图书馆 CIP 数据核字(2014)第 145606 号

书　　名　我就要让这世界香
著　　者　许玉莲
责任编辑　林玉萍
出版发行　中华书局
(北京市丰台区太平桥西里 38 号　100073)
http://www.zhbc.com.cn
E-mail:zhbc@zhbc.com.cn
印　　刷　北京瑞古冠中印刷厂
版　　次　2015 年 1 月北京第 1 版
2015 年 1 月北京第 1 次印刷
规　　格　开本/880×1230 毫米　1/32
印张 6½　字数 100 千字
印　　数　1-6000 册
国际书号　ISBN 978-7-101-10292-5
定　　价　30.00 元

目　录

推荐序

许玉莲老师这些年来写了很多泡茶、喝茶的文章，她写得生动活泼，有滋有味，不像我的似如嚼蜡。许玉莲老师是茶人也是作家，而且在茶企业工作二十一年，不断从事茶学教育工作，她写出来的泡茶、喝茶文章，除了锐利的点评外，还具备了正确性与专业性。

她应北京中华书局之邀，整理了这些泡茶、喝茶的文章，成就了这本《我就要让这世界香——我的品茗记录》，诚如她在书名上所说的：品茗记录，都是她亲身体验。由于内容的生活化，任何一位想喝茶、想了解茶文化的人都可以把它当作入门书，中、高级院校茶文化相关专业的学生在教材之外，可以把它作为补充性的参考书。

许玉莲老师因为地缘关系，对普洱、六堡、熟火乌龙颇为熟悉，尤其是老茶部分，接触之多、冲泡之多、饮用之多可谓经验丰富，又因其所说的正确性与专业性，少掉了江湖气、卖场气，是可以藉书亲近的茶人。

蔡荣章

漳州科技学院茶文化研究中心

2013.08.27

自　序

本书编成五个篇目：一、让普洱茶老，二、六堡就是老的好，三、热爱熟火乌龙，四、一茶一世界，五、离散茶相。前三篇一目了然，不赘言；篇四一茶一世界，是随时随地遇茶则品的境地；篇五离散茶相，是茶在不同地方有不同的品茗法，茶在这么多年来一直不曾间断过迁移、离散，因而形成了许多不同的茶文化精神，此为记。

品茗为何要做记录，因为我们不想含糊地泡含糊地喝，我们希望能把茶爱得清清楚楚，品得明明白白。书中亦收集了我与老师及学生们在品茗时做的记录，即篇一的“普洱品茗记录”，黄碧雯记；篇二的“六堡一壶二杯泡法”，蔡荣章老师记；篇三的“铁罗汉品茗记录”，黄淑仪记；篇四的“龙井品茗记录”，林彦杉记；篇五的“白毫乌龙品茗记录”，吕慧君记；以及篇二之篇末，我在家里品六堡茶的品茗记录。我们长期随手做这样的记录，时间久了累积一定经验后开始发觉泡茶、品茶时比较实在与笃定。我们的记录，也包括拍照，书中共有照片一百二十六张，除注明的摄影师Miss Lee Seesy 提供十九张，其余皆属于我在工作时自拍的工作照。

本书主轴是品茗，环绕着主轴的是各类茶叶，书中记录的茶几乎都是经过时间珍藏的旧茶：普洱、六堡与熟火乌龙，次之是红茶，再次之就是绿茶、白茶、白毫乌龙及一些无茶名的茶，与之链接的每一个点是在泡茶、享用茶的过程中所接触到的茶性、茶法、茶人、茶境，以及恋茶、制茶、炼茶、收茶等滋味，这滋味潜伏舌尖，亦深埋心头。可以说，本书是一位茶道老师有关泡饮的工作记录。

許玉蓮

于紫藤茶艺学习中心

2013.08.30

第一篇　让普洱茶老

我们等不到茶叶变老

最令一些爷级茶龄之茶民绝望的事情，是等不到茶叶变老。这辈茶民头顶挂着双狮同庆号老圆茶[1]的光圈，媲美任何一位太上皇的皇冠，人家左青龙右白虎消灾祛难，他们左宋聘[2]右红印[3]滋心润肺，出落得像个深藏不露的高人，受许多还在喝着生饼或渥堆饼的粉丝仰慕不已。

这辈茶民，不喝老普洱的时间，就是在喝老熟火乌龙，不喝老熟火乌龙的时间，就是在喝老六堡。老茶对于他们，就是一种日常生活方式。所谓日常生活方式，即新茶民口口声声强调的“老”茶，在这辈茶民的生活里已自然形成“茶本来就是这个样子的啊”，“茶本来就是这样喝的啊”的境界。

有吉隆坡老茶手曾告诉我，从前他们在一些茶庄寒暄，碰上用餐时间，就有人从木箱子中抓把茶叶带去饭馆开泡，水仙啊观

①双狮同庆号老圆茶：1920年代普洱茶。
②宋聘：1920年代普洱茶。
③红印：1950年代普洱茶。

音啊普洱啊，所有的茶都是老的，但没有人会将“老茶”这词挂在嘴上。前些日子（四月下旬）在苏丹街紫藤[①]遇见几位前辈茶民，他们说起上世纪六七十年代他们家以割胶[②]为生，当时住的木屋，屋前屋后拥有大片空地，每个早晨就在屋后堆柴起火，将一大桶水烧起来，水滚开后把老六堡投进去煮，煮好了，割胶的哥儿们各自拿着一把铝制水罐去舀茶，那就是在胶园解渴的饮料。

这种平民饮料，如今却让少数不懂它、不喝它的人操纵成为摇钱树，此时此事实在教茶民别扭极了。堪称喝老茶长大的马来西亚茶民，再也想不出方法要如何喝下去。假设有一天，也许几年后，原来我们天天吃中饭，一客才售四零吉[③]的猪肠粉或鱼丸粉等平民俗食，竟然飙升至四千或四万零吉才能买到，而定价过程与

①苏丹街紫藤：马来西亚首都吉隆坡市内于1987年开的茶文化集团公司。
②割胶：马来西亚当时盛产树胶，工人需把橡胶树干的表皮割开，使胶乳流出来。
③零吉：马来西亚货币名Ringgit(RM)，以下皆同。一美元约等于三点六零吉。

社会物价膨胀定律出现不寻常的距离，那我们还吃得起吗？

虽然老茶存量警报早已响起，老茶价格早已让爷级茶龄的茶民花一个月薪金也买不起一饼老普洱来喝，却无奈喝来喝去条条大路都不通罗马，唯老茶是道，故爷级茶龄的茶民只好乖乖地（死狗般失魂落魄地）为余生的老茶配额细细盘算一番。

首先要有勇气拒绝一切乱七八糟的不老茶，爷级茶民的味蕾没有必要继续受破坏，爷级茶民的胃有必要好好受保护。其次，一直收藏的、至少有十五或二十陈年的老茶可慢慢分配出来，当补药定时服用，切忌仙女散花般挥霍。又次，凡途中遇三十陈年或以上老的茶，奉天承运，圣旨驾到，喝无赦。最后，不时寻找些有潜质“老化”的年青茶回来补仓，想尽法子使它自然变老，它最好比茶民老得快，直至茶民安息在这一片老茶国里。

普洱的晒干与烘干

新的普洱青饼越来越平易近人，容易入口。别说远的，就八年前吧，它可没这么好相与，一副倔脾气，像山里头的村民，天生天养阔佬懒理[①]，未经驯养的云南味中是带有一股蛮劲的。前两年到景洪攸乐茶山，一路上便遇见许多山区族人，他们并不特别热情，也不冷漠，自顾自维持着他们本来的姿势：或抽水烟（男），或蹲着在切香蕉树心（女），或做针线（女），或在井边嬉水（男），或背着一箩筐新鲜采摘的茶叶赶路回家（女），就是仍保存着一股开天辟地的蛮劲。

这种蛮劲——夹杂着烟味、铁锅味、苦涩味、日晒味、云南味的普洱茶，才有资格获普洱老饼迷看得上眼及宠幸。只有用传统晒青方法，将茶叶摊晾于竹席上，在蓝蓝的晴朗天空下自然晒干，而且经过风的吹熏的普洱，才能叫人沉溺于它茶质的厚实，茶香的沉稳，口感滋味的饱满，甚至如痴如醉地沿途把旗帜高高举起

①阔佬懒理：阔佬就是有钱人，就是当甩手掌柜，什么事都不管不理，不用自己劳心费力。

以及呐喊着：这种普洱才利于收藏，才会提升储藏陈年的价值。

现今普洱已到了爱怎么做就怎么做的迷离境界，结果出现有人甘心舍晒青而采用烘青制法，他们说坚持只有一种方法才可以完成制茶的人是落伍是不识时务是不懂喝茶。人们为了解决庞大市场需求，为了应付雨季潮湿天气，为了迎接来自大江南北、腰缠万贯的列队进场的普洱败金客，早已喊打喊杀奔上烘青的直通太空车。因为只有这样，才能在短时间内使茶叶大量干燥，并且干得很好看。

这是普洱老饼迷之砒霜、普洱败金客之蜜糖。与晒青普洱相比，烘青普洱因高温烘干而导致茶叶内含物质转化奇快，茶叶的苦涩度神速减退，令到它的口感柔和清爽近似一般绿茶的易喝，香气高扬类似毫芽的嫩香，轻而易举收拢了初入普洱江湖的新手。同样的香味，有时会被某些无可救药的普洱老粉丝讥讽为“马尿馊味”。没礼貌？如果说真话是没礼貌，他是没礼貌。

攸乐茶山茶农晒普洱毛茶（2004年）。

如何摆脱普洱青饼的生涩与刺激

挑通眼眉的水晶心肝人，谁不知道要使普洱纯干仓近乎是天方夜谭的一回事，空气里的湿度如影随形无处不在，躲也躲不了，肯定会被吸进茶叶内的。

纯干仓听起来比较接近营销说法而非仓藏技法，它是针对早期把普洱人工洒水、提高仓库温度再收藏的湿仓而言，收放在干净卫生、无霉味、无积水的自然仓库里，叫干仓可以理解，叫纯干仓——小人之心如我，以为这样可以把茶卖得贵一点。再说，假如世界上真有一处完完全全湿度免疫纯干燥的地方，会有人把普洱囤在那里吗？

为什么要封仓收茶？因为我们喜欢喝经过陈年陈化的普洱。

为什么要陈年陈化？因为我们要喝老普洱的茶气，因为新制生普洱苦涩感较重、刺激性较高，作为感官享受，它缺乏圆润之美；作为生理保健，长期超量喝饮对部分饮者可能会引起寒凉的问题；历经时间洗练陈化得当的普洱，茶性会随着时间积累而转化得温热滋补，茶气才更浑厚饱满。

那么，应该如何陈化？除了必须献上至少四分之一世纪的流

左：以竹壳包装的普洱，就这样原装收藏。
中：2000年生普洱（左），上世纪80年代生普洱（右）。
右：上世纪90年代100克普洱方茶。

金岁月，仓藏环境必须同时具备一定的条件：适时通风换气、避免光照日晒、空气相对温度与湿度于对的时间调控至对的指标等等。其中温度与湿度是影响仓库内菌类滋长的主要因素，而菌类就是致使普洱陈化不可缺不可逆的原因，它的加入令陈化过程中的茶饼光泽逐渐转红、茶汤越显油亮、茶韵越显浓郁、茶香越显深沉，终于才修成正果摆脱新普洱的生涩与刺激。假如茶仓环境的空气相对湿度和温度过低，即过于干燥，普洱茶饼就算收放在那里一百年也没用，届时茶品将如同进入冬眠期，处于停滞状态，完全没办法酝酿出老味。

前几天见到一位港商，也是位普洱藏家，随身带了些普洱旧茶猛龙过江到吉隆坡来游走，表面算是请人喝茶，其实只不过在打听买家行情，欲将手上普洱出货。说起纯干仓，他表现了“到底是香港人”的不满：被台湾人洗脑了。他这样说似乎带点道理，据我们所喝过三十年以上的旧茶、老茶、古董茶，就从来不必强调什么纯干仓。纯干仓这字眼应是上世纪90年代后期，首先由一些台商提出的仓储概念，用于形容一些后期普洱的属性，借此将自已的产品的罕有收藏价值与别人的划清界限，高高拔起当时我们称作新生代普洱的产品价格。之后纯干仓这词便辐射至凡有普洱玩家的地区，大家趋之若鹜，拥有纯干仓加持的无论卖家或买家好像都特别矜贵。幸亏普洱老手对矜贵流感的抗体特强，时至今日，大概也就是还在牙牙学语的普洱新手对纯干仓三字青睐有加。

普洱陈香老味的精炼

同样的普洱，无论使用何种仓存技术收藏：干仓、港仓、纯干仓或自然仓，喝遍之后，再回头还是觉得港区藏品好，较其他地区如广东、云南、北京收的迷人许多。比如那二十年陈化光景的旧生饼，口感呈现蜜香甘韵，口中生成一股凉意，带仙气，别地儿找不到。

阁下以为茶民在替港仓普洱卖广告？不，虽然我喜欢，可一单归一单，普洱们自己会说馨香的话，不关我的事。港区是所有入仓技术的始作俑者，普洱教主地位早已通了天，年年月月等着教主御赐解药的中蛊者，无论如何离不了那种陈香老味。其他仓区不仅缺乏这股底韵，有时反而会带上不应该有的新仓泥土腥味。

经过长时间将新普洱储存成老普洱的辉煌时代，位于港区的茶仓，除了仓主们已练得一手不可替代的功夫，储茶的仓库往往也因为时日已久而衍生有益菌群，环境得到转变，就好比美酒必经老窖蕴藏一样，老茶仓充分的有益菌群，令陈藏的茶品出现独有老茶香，所谓樟香、参香、枣香就是这样来的。

昨天才加入普洱大军的人望香莫及，认为这样的茶根本不是普洱，那是谁也帮不上忙的。无可否认，除了老好普洱，港区也是

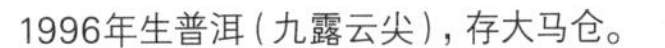

1996年生普洱（九露云尖），存大马仓。

2000年生普洱（千禧贡青），存大马仓。

受潮生霉、感染杂菌的湿仓普洱的产地之一，由于从前用来作仓库的地下室、废弃的防空洞或渔民的船屋都谈不上储存标准，部分无心装载的茶便沦为下品：饼面长霉、闻之有霉味，汤色暗浊，滋味全无，甚至有人说曾喝过不很卫生的饼头。

但后来其他许多地区相继参与了这场湿仓普洱战役，茶饼此起彼落满天飞，茶民是烽火连天的白老鼠，甜酸苦辣臭或香皆领教了；从此湿仓普洱良莠不齐混杂于各个茶叶市场，孰好孰坏各凭客官的眼力、嗅觉及味觉；能不能买到货真价实的，再也怨不得人，自由市场自由选择。同一时期湿仓普洱再也不能说只有港区才有。

看到普洱利润有甜头谁不争着做，反正各人头上一片天，去和天商量好所需要的气候啊湿度啊日照啊降雨量等条件吧，天若然不给面子没有一个良好的储存环境，这时人们大把收放普洱的创意点子倾巢而出，不怕普洱进不了仓。就这样，普洱，从湿仓时代过渡到它的入仓时代了。入仓，即将普洱收进可调控温度与湿度的仓库，令普洱内质陈化，是客官口感各取所需的延伸，无可厚非。

2000年生普洱（千禧贡青），存大马仓。

茶汤，2000年生普洱（千禧贡青），存大马仓，2012年开泡。

不料年初在广州芳村遇见位普洱业者，为了促销其本地仓普洱，故意拿着一饼长霉普洱，口口声声强调这是“港仓收的结果”来施展其反面教材推销术，一笔抹杀普洱一路走来的历史缘由，错误引导消费者了解普洱鱼目混珠仓存的技法。我恨不得我有家财万贯，钱都给他，茶我要了，命他滚蛋，从今往后不许再碰茶。

普洱有自己的收藏艺术

上世纪七八十年代，生普洱根本不能拿出来见人，谁没尝过那种苦头？足以令整片舌面粗糙起来，一次过后难以忘怀，大家敬鬼神而远之，束之高阁，更别妄论生普洱能热卖，像现在这样成为会下金蛋的鹅。

90年代入行进茶馆工作后逐渐有眉目，才知港人向来把生普洱定义为“半成品”，“半成品”是未完成的产品或作品，既然未完成，又怎么会让它出街[①]误人子弟？多半是碰上经济改革开放时代，原产地商家出闸抢滩，把藏放责任移交于消费者身上。当时虽然懵懵懂懂，隐约已了解这个产品的时辰未到，就像在后院采摘了几粒芒果或人参果什么的准备大快朵颐，谁料并未熟透，于是母亲教落[②]土法：将果子收藏进米缸，焖两天就大功告成变得很好吃。果然，此法童叟无欺，沿用至今。这大概就是我们接触“氧化熟成”最初的印象了。

①出街：货物摆上架子销售。
②教落：粤语，有教导之意，但泛指民间传统做法之传授。

经过收藏，显露时间艺术的普洱(7542-88青饼)。

1990年间的普洱(7542-88青饼)，连包装纸都透露出时间的香气。

1980年代生普洱（收藏在马来西亚）。

早一点的五六十年代，喝普洱简单得多幸福得多，堪称闪亮的日子，许多普洱独沽一味只此一家都从香港老仓放出来。小部分可到华人巴刹[①]的杂货铺、海味铺、茶楼以及一些传统茶行割货，只需几块钱即有交易。那时的普洱生涯非常有滋有味，摆上架子的普洱都已经拥有稳定成熟的口感，喝惯的喜欢的，随时可再去购买，完全不必担心会坐地起价或偷龙转凤，又或者突然间从我们的生活中消失，让我们失去依靠，陷我们于不义之地。

港人约在四五十年代已深深体会喝生普洱如喝苦汁，难以下咽，凭着他们对美食天生的敏感与追求，凭着他们对金钱那忠贞的爱情，如何藏放生普洱才能使茶们陈化得散发迷人气息，才不至于血本无归，成为每一个香港普洱茶商的重要命题。他们拥有许多经验让普洱陈化达到后发酵效果，可谓此手艺的开山鼻祖，现在仍雄霸一方，对普洱仓存的know how[②]，不只到位，亦对味，

①巴刹：菜市场。
②know how：有一套方法知道如何完成。

2011年生普洱（收藏在马来西亚）。

2006年冰岛普洱毛茶（收藏在昆明）。

练就一身“你要什么味我就做什么味给你”的点石成金术，此可谓“普洱入仓艺术”最高掌门人。

马来西亚先辈茶民或近二十年来的普洱茶手，无论在马六甲、怡保、新山还是槟城等华人巴刹所寻寻觅觅到的普洱，一般是从店主的长辈或父亲手上传下来的。他们说当年的海外贸易曾经施行强制配货制度，普洱曾属配货的一种。他们先辈拿到这一箩筐一箩筐普洱，并非自己钦点的心水货，大手一挥吆喝着“暂时放一边去吧”，没想到缓兵之计往往变成安身立命之道，造就普洱成为奇货可居的宝藏，堪称“自然仓”，此属非商业性、未经特别处理仓存的武林高手。

如今普洱江湖人人身怀绝技，各省各地的气候报告诸如温度、湿度、雨量，茶仓处于地球某经度某纬度等江湖术语，假使你说不出几个，你可以回乡下耕田了。要是你不单倒背如流，还能出其不意发出独门暗器诸如茶树品种、土质、水质、原料品质、炒制工艺等犀利招数，并时不时闭关以修炼内功大法，恭喜，我们的“艺术仓”指日可待了。

既需入仓也要退仓的普洱

喝普洱必然离不开“仓”，没有“仓”便不能酝酿出普洱，说到“仓”，肯定绕不过香港茶仓在普洱历史上的绝世江湖地位；任由潮来潮去盛世衰世，港仓普洱永远是老普洱的一个里程碑（landmark），而红印就是老普洱的限量版（signature）。

所谓“仓”的字面解释，就是可以存放大量物资的仓库。但在普洱世界，“仓”往往可以当作手段、方法或技术来理解，有时候甚至代表一种境界。从云南到香港、澳门、越南、马来西亚、泰国、广州、台湾、韩国、日本、北京，一阵阵惊艳声中，普洱茶的“仓”一步一步走向充满银两的所在，或者，充满荆棘的所在。

无论是追溯至上世纪50年代的印级普洱时代，当时的点心茶楼或茶商们为准备做生意而整批整批购入普洱，然后就那么自然地要找个仓库来囤货，以备出货的方便；还是现今各施各法大显神通的私房普洱，人们都需要无数个“仓”作收藏茶用，以让普洱们陈化熟成，才能开封喝之。

如今我们把从前这种日常生活规范的囤茶空间，称作“自然仓”或“正常仓”，即自生自灭自求多福，一般并不经特别处理或照顾，要茶才进去取，无茶则补货，无人问津的扔一边，难喝死了的搁仓底，红印就是这样被忘记的一个货色——忘得好。许多人已将这条黄金法则列入收普洱的方程式：爱它、买它、藏它、忘记它。

然后另外一种普洱神出鬼没般出现了，如今的我们将之归类为“湿仓”普洱，“湿仓”不止一种，它是渐进且拥有很多不同程度的“湿”。它可以是人为，也可以是“自然”的。港、澳本就属于岛屿气候，不但气温高，同时相对湿度高，加上当时的人家为了节约租金，所贷租的货仓可能也不尽完善，收在仓库的普洱一旦时日过久，背墙的、靠窗的、直接放在水泥地的会首当其冲受潮变“湿”，那是时而发生的现象，除非预先做“防潮”措施。人为“湿仓”则事出必有因，那时普洱茶客已喝出苗头，对新茶略有抗拒，觉得刺激感太强令肠胃不适，曾喝过那“旧”普洱的人，心向往之，提出要买“那个茶”。当时有些商人也曾把仓里的普洱用水泼湿再陈化，因这样比较快。

“湿仓”引发后来仓存技术的“港仓”，“港仓”普洱凭着有老仓的优势，以及老茶人独到的经验，加上实施有效的“收仓”和

“退仓”技艺——“收仓”和“退仓”要有足够久的时间，茶叶内芳香物质的组合自然将被驯化、醇化。到位的“港仓”普洱带一股药香味道。这些日子以来“港仓”普洱也带动了其他地域仓存技术的研发，现今任何地域都可做自己的“本地仓”，但无论在哪里，技术不正确、收不好的各种仓藏普洱非常难喝，敌情就是专来谋财害命的魔头。所以假如阁下拥有收仓的普洱，它的高潮是：若干年后，这些普洱将会被弃之如草还是如获至宝？

漫谈港仓、湿仓、入仓

谢天谢地，有些地方的普洱消费者并不懂如何喝港仓普洱，或许不喜欢？或许还未学会？他们对港仓普洱的不齿、不知所云、不以为然，是从小喝港仓普洱长大的拥趸者的福音。要是这群消费者看上港仓普洱，把现银大钞一张张排列整齐就扑上去、有杀错无放过地去斩货，到时小小茶民还有出手的余地吗？还有可能喝到这些茶吗？有什么好感叹这些爷们非阁下的知音呢。

生得晚及赶墟赶得晚的普洱茶消费者或许从来没喝过上世纪产制陈藏的双狮同庆号、宋聘号、同昌黄记、敬昌号、红印、绿印、蓝印、黄印、铁饼、广云贡饼、7542、8582等等好料，所以他们从来不知道自己的损失有多惨重多痛不欲生。大家知道，这些渡茶民成仙的甘露，统统就是被金屋藏娇在港岛的老茶商仓中，至少，是他们凑仔[①]般凑大，才或自愿或半推半就或为势所迫放手，让茶们出来抛头露面行街[②]的。

①凑仔：照顾小孩之意，此指很用心地长期收放茶叶。
②行街：即“出街”，让产品摆上架子售卖。

2003年绿印普洱，港仓。

2001年生普洱，大马仓。

港仓茶、湿仓茶、入仓茶，都是进入仓存的普洱。各地域因气候、环境、手法、仓况等各异，存放出来的茶大不一样。港仓茶，顾名思义是入仓在香港仓库的普洱。湿仓茶是把茶品泼水再让其氧化，各地都可能有。入仓是一套有意识的收存普洱的技术工艺。

港仓茶以前无心插柳柳成荫居然出了一批批绝色货，滋味无懈可击未算最开心，难得的是价格节节爬高从不回软。我听入场早几年的前辈说同样一句话："93年时在香港买红印回来转手一片才三百零吉，现在已三万零吉。"听了多次，听得耳朵起茧。刚好有一伦敦茶友贴了张照片发给我看，那是伦敦哈罗兹（Harrods）门市展示的一片老古董红印，加减乘除一番所得是八万零吉一片，我只好命令大嘴巴闭紧别透露口风，避免刺激前辈血压高升，悔恨自己卖红印卖得太早。

9月我在北京马连道听来八卦的路透社消息："7542-88青饼"，从当初香港有茶馆数十元港币收进，到2004年以三百元放手之后，一路强硬挺进到当今的万二元[①]。有利可图之事，当然不乏英雄好汉去上刀山下油锅，故不知从什么时候开始，将普洱茶收藏进仓库已不再单纯，入仓的技术仿如一套点石成金术，消费者受落[②]的话等于财源滚滚来。

入仓技法或称家传秘方的仓藏手艺主要因素，必须注意的包括气候寒热、仓库选址、仓库通风程度、环境湿度高低、普洱的摆置方向、一直到匪夷所思的“可以在仓库里吃便当吗”，无一不受到各仓主放大镜的透视。从干仓、受潮、微湿、适湿、过湿至湿到臭、湿到发霉各种不同程度的入过仓的普洱纷纷你方唱罢我登场，入仓技术当然也飞象过河从港、澳、马来西亚延伸至云南、广州、台湾、深圳……（以上排名不分先后，其余名单恕不一一尽录），一时风头火势颠倒众生，委实叫其他种类茶叶心情太沉重。

有人特别嫉仓如仇，将自己的普洱称作“未入仓茶”，引起我

①万二元：指马币一万二千零吉。文章所提标价，是完成文章当年的资讯。
②受落：粤语，泛指一件事情的发展符合自己的要求。

无限好奇，难道此人将茶收入裤袋？又，普洱假如不收进仓里食十年八年夜粥[1]或饮三五载的西北风，它不就是野草一堆吗？另外一些人强调自己的普洱属于“纯干仓茶”，与“未入仓茶”同一鼻孔出气，无非要和湿仓茶、入仓茶划清界限，但是普洱的后氧化作用岂是“纯干”可了事？这么多认为入仓普洱即湿仓普洱的人，怎不教人喜出望外？

①食夜粥：意指有练过功夫，此是表达普洱需要经过精炼一番。

茶收得越久越好喝吗

拜老普洱所赐，大家宛如加入了赞美俱乐部，一人一句甜言蜜语，把普洱茶的地位与价格捧得比天高，尤其那“收得越久越好喝”的海誓山盟，摘取了多少天真无邪茶客的心儿？虽暂无什么精准统计数字，但肯定数目惊人，社区街上多了很多家专卖普洱茶的店，说是茶多到家里没地方放，开家店当作货仓也好。

“收得越久越好喝”是个遥远未知的将来，普洱们在这条朝不保夕的时间的河流上晃悠，摆渡至彼岸会变为梦魇、梦呓、梦幻泡影抑或梦想成真？一时也说不上来。但有些常识相当轻浅，

2013年生普洱（易武茶区）。

2013年生普洱（易武茶区）之茶渣。

如果茶叶本质的底韵软趴趴，根本就不是一个好的制成品，收得天荒地老陈化了又如何？难道野草闲花会变奇葩？

永远搞不懂一些人，他们到底算是“阿牛出城”初来乍到普洱门槛、未识普洱家规，还是胆生毛、胸口写了个“勇”字，拿片去年的普洱出来就准备开泡，还神秘兮兮示众及耳语：“喝老茶。”要是在二十年前，未足三十年陈化的普洱，继续待在深闺吧，和“老”可沾不上边，还喝呢？

“老就是好”像传染病毒，在风中吹吹就落地生根植进脑

2004年生普洱（宋聘号，易武茶区）。

2004年生普洱（宋聘号，易武茶区）之茶渣。

2004年生普洱（易武正山）。

茶渣，2004年生普洱（易武正山）。

海，中招的人马上进入高危晚期癌症状态，那组癌细胞一传十、十传百无孔不入，病人开始狂抓周边所有茶叶，“不管白茶、绿茶、好茶、坏茶，会老就是好茶。”这句话是他们魂断茶国的逐境手谕[①]，他们都不管茶品如何以及应怎样收放了。

随着普洱价格日日翻新，老茶狂潮翻云覆雨，陈年的熟火[②]乌龙、陈年铁观音又重新被发现被挖掘被吹嘘被重视，令雄霸乌龙茶江湖多年的清香型乌龙的青味、新味市场风向产生微妙变化。曾经，有些人自甘放弃传统老味熟火乌龙，以喝老观音为次和耻，以喝熟火水仙为“老饼”[③]行为，纷纷缴械投降，尽忠绿乌龙以及

①逐境手谕：“驱逐出境的命令”之意，表示不欢迎这些不懂得欣赏老普洱之人。

②熟火：成品茶制成后，可依需要加以“焙火”，也就是将成品茶放在烤箱或焙笼内，用热能加以烘焙，使“成品茶”喝来有股火香，无论口感与对身体的效应上都觉得温暖一些。烘焙的火候可轻可重，熟火表示已经有从生到熟的效应。

③老饼：意指食古不化。

茶汤，2004年生普洱（易武正山），2011年开泡。

做工不好也卖得好贵的臭乌龙。如今，这若干人又痴心妄想归队老茶鬼行列。唉，店家们，砍大头的机会还不赶快逮住！诸位爷们请先留下若干大洋作为漱口费吧。

港澳、新马老茶手其实向来拥有非常老到的老普洱老乌龙品饮习惯，不应被市场动摇才是，加上数地存放老茶的仓史也有一段时间，新仓环境大概是比不上的了。这些仓里的茶叶放得越久，茶叶自然越陈化，渐渐都变得近乎黑色了，喝下去，犹如喝仙草的味道。这样的老茶，估计别地的新仓很难产生。

普洱，只买不喝或只喝不买

友人在文具店工作，有天非常讶异她老板拖回来四个箩筐，沉甸甸的不知什么东西，后来看到渥堆普洱，才掩嘴尖叫。原来她老板从无喝茶习惯，受不住诱惑埋堆[1]某茶商，拖回来四个箩筐的普洱，四个箩筐我们术称四支，一支共八十四饼茶，每饼茶约四五百克，就这样顺手扔在文具店角落，未知要拿它怎么办。

朋友的姐姐——退休家庭主妇，专爱向路人甲路人乙打听普洱路透社消息，到处扫货，凡跌至谷底价格的，统统被她见了扫。我好奇："收在哪儿？"朋友一副无奈表情："桌子下，椅子上，橱柜里，睡房里都有，她老公烦死，快要与她离婚了。"

当普洱茶与经济挂钩，并且不管三七二十一强势带领着一众乡亲父老叔伯兄弟也直奔分一杯羹的天堂，喝茶变成是一种可有可无的奢侈的行为，买茶藏茶就变成是期待发达的欲望行动。

奢侈，说的是那手制茶卖茶泡茶品茶功夫即将消失，还有人依旧坚持保留制作一饼好普洱的工艺吗？当周遭充斥了对圆满抢

①埋堆：多人聚集一起，亦有大家起哄做某事之意。

普洱茶钱成功者的喝彩，还有人依旧坚持卖茶卖得这么黑白分明吗？当人强马壮的普洱投机者酷酷地免费赠送你大堆白眼和几声冷笑，还有人愿意坚持在泡茶时泡出感动，在品茶时品出美的光辉吗？

老普洱濒临绝种的无力感不断催促着老一辈茶手，喝一片少一片的不争事实化身成恐怖梦魇，实在无法想象有这么一族茶手老了而买不起普洱来喝是如何的沦落。而“抢钱要趁早呀，迟了就来不及了”的危机感也无时无刻打压在普洱新贵人的心中，普洱茶从此走向“只买不喝”之不归路，只因大家都在囤货。

普洱茶向海鲜媲美的时代已降临，日日鲜每天一个价，防不胜防，谁还够胆平常心开一饼就喝？喝茶就是喝银两，搞不好明天来一个抢市，阁下家里若无十支八支普洱囤着傍身，那岂不见财化水？

典型的“买了不喝”迷，一心痴痴等着水涨船高时脱手脱身，连商家自已也骇笑告白：“谁谁谁买了我三吨茶，三年来没喝过一饼。”可笑吗？无聊吗？但普洱新贵们一点也不在乎他们没喝懂普洱，如果可以选择，他们宁肯把普洱茶仓当作所罗门宝藏，或聚宝盆，茶生钱，钱生钱，打跛双脚亦无忧。

我半生两袖清风，狗嘴里长不出象牙，无资格入会“只买不喝”普洱派，充其量在“只喝不买卖”庙里当个阿修罗吧，凶神恶煞地化缘，吩咐善长仁翁“铁饼[1]拿出来”，又发号施令于施主“这茶我在才准泡”，末了，喝不完的统统带走。

①铁饼：指普洱茶铁饼，就是用机器压制的比较紧实的茶饼。

请对老普洱恭敬一点

有爷们进店浏览一番之后，尊贵的食指往橱里指指，可能是一片“黄印”，或是一片“7542—88青饼”，然后颁令“泡来试试”。我通常没等爷们说完就无鞋亦要找双木屐走人，不然对答一番后，爷们肯定气不过来，就召唤打手来揍人拆店了。

“泡来试试。”

“这茶没样本。”

“不试怎么知道是真的？要不然怎么买啊？”

“这茶只给看得懂的人买。”

对不起，不懂的人请过注[1]，恕不奉陪。新生普洱家家户户有的是，旁边凉快玩去吧，又无人阻止地球转，阻止你发达。“黄印”或“88青饼”或所有上了年纪的号字级、印字级老茶是随便由得你呼之即来、挥之即去的吗？它们并不是一杯袋泡茶、一杯速溶咖啡或是一杯啤酒，它们是拥有与时间打交道的经历的茶们。

①过注：粤语，这里指“请靠边站”、“哪里凉快哪里去”，是有一点不客气之意。

起码二十年，茶们在时间荒野上浮沉，各种各样的气温试炼着它的真身，有时冷而湿，有时冷而干，有时热而湿，有时温而干，有时非湿非干，有时不清不楚，均无一例外在饼身打上印记。每一饼晋升为老茶的普洱，或美丽或哀愁，都隐藏着一段可歌可泣的岁月。

这些茶们使历史变得可以触摸，甚至品尝，远方的故人和眼前的我们，就会在这一刻，成为最亲的人。制茶的人，藏茶的人，你的普洱着陆了，安然无损静静地被某些虔诚的香客供奉在殿堂里。

所以，不懂老普洱的爷们，你还是继续喝你的生普洱和熟普洱吧，让我们独自留在此地。凑热闹的爷们，如果你刚好赶上这个号称盛世的普洱时代，去吧，去抢别的普洱，请不必理我们。花钱就是大爷的爷们，请原谅，这茶不卖了。

听过大爷们如何喝“红印”吗？据说，在饭局上，他们已经喝酒醉得乱七八糟了，把“红印”那老人家贸贸然扔出来与冷饭剩菜见面，使用些不知所谓的器皿就泡将起来了。谁奉承得大爷高兴，无情手一掰，“红印”应声倒地或五马分尸或支离破碎，一夜之间晚节不保，从殿堂走了下来成为孤魂野鬼。

如何喝老普洱才算是不糟蹋？当你喝遍绿茶，喝遍香片、台式乌龙，喝遍熟普、生普，懂得火与水的关系，懂得器与水的关系，懂得水与茶的关系，……懂得每一个细节之后，有天当你感觉皮肤有点凉时，你会想：那藏着的普洱会不会也太冷呢？有天当你的脚板踏在地上感觉气候潮湿时，你也马上能感到普洱的潮湿。等那一天到来，你头上自然就会多了一圈老普洱的光环。

私房解药旧普洱

总会有些日子，觉得自己特别受委屈，满腔挫折诸如绝世好桥[1]无人听得懂，泡茶绝招无人看得明，你将良心拿出来对待别人、别人统统视如狗肺，还有，我爱的他不爱我。这个时候，吃饭是从背脊骨落[2]的，难以消化、浪费粮食之余，大有可能种下将来患癌的祸根。对付此种心病，我倒是有解药的。随便一饼属80年代旧普洱请将出关，以180毫升热水浸泡10克茶叶，可浸泡18次，现泡现服，茶气流窜通体之刻亦是药到病除、勇气恢复之时了。

若你想参考，我家一般是由“7542—88青饼”授命出诊。静静等陶壶的水烧开，水开了自然会叫你。砂壶，选把已经跟在身边驯养十多年的黑砂小井栏。旧普洱，细心松开它快近茶龄三十的叶枝，别贪快，温和的坚持使叶形更完整，泡出的味道完全两样，是我无往而不利的解药，这味药最不可忽视的是药引子——时间。

①好桥：意即好桥段。
②从背脊骨落：意即吃饭不经食道，表示吃得很委屈、受气。

1996年生普洱（臻味号），曾存放台湾、香港，2005年始存放大马仓。

细细地冲水泡，不缓不急地将茶倾出，悠悠地吸啜，摊开舌头使它浸润，舌尖能感受到甜，舌头左右两侧能感受到酸，舌底能感受到苦，慢慢地吞咽，韵留喉底，蜜香钻转上颚，你整个人从此不一样了。

我迷煞这年代的普洱，无论纯干仓、港仓、自然仓，喝起来的香味都带有时间的印记。封锁的仓库，封尘的空气，冷暖茶自知，直至进了我的口，旧普洱前半生的历练终于与时间接轨，从此同我生死与共。

干仓旧普洱如“7542—88青饼”转化较慢，经历二十多年也难以退净微苦的感觉，但它入口即有一种叫人眼前一亮的梅子酸韵，爽口，喝到第八、九泡才是戏肉，蜜韵显出来，没人舍得不喝。

普洱入仓后会产生许多特殊的味道，如细嫩原料经过轻微入仓会带有荷香，粗老原料在入仓较重的情况下会产生枣香，原料熟度陈化比较高的香港仓普洱，通常较容易转化为厚重的口感与浓郁的樟香。我是怎么喝怎么好，淡是清浓是艳，干仓茶灵魂飞扬，湿仓茶暖胃舒心。每一饼普洱必须要有自己生存的能力。

茶汤，1996年生普洱（臻味号），2013年开泡。（Lee Seesy摄）

茶渣，1996年生普洱（臻味号），2013年开泡。（Lee Seesy摄）

普洱江湖新加盟各路奇兵，完全没喝过没看过三十年旧普洱的大有人在，因为没喝过，当然不知道它的好，无亲身体验当然也无法交流，要一个新丁学会喝旧普洱，你须有心理准备，随时将二十年功力及茶样献祭给他，既非亲非故而你又不准备为别人的生命负责，那只好让旧普洱继续成为一个私房药方吧。

普洱品茗记录

一、普洱（2003年绿印，港仓），此茶需要做退仓处理，提早将茶松开置入透气性高的茶罐，叶片需尽量保持完整，过几天可泡饮。

二、把茶叶置入茶壶，倒入经烧开的高温热水，浸泡。茶壶160毫升，茶叶刚好铺满壶底层即可，约6克。每次入水前需烧开达高温。（第一道：2分30秒，第二道：1分30秒，第三道：1分钟，第四道：1分钟，第五道：1分钟40秒。）

三、茶泡好后，将茶汤倒入茶海，茶汤要倒尽，别留有茶水在壶里。

四、提起茶海，将茶一一分入茶杯。茶汤适温时可开始品饮。入口胶质感强，滋味厚重又回甘，茶气通彻全身。

五、五道品茗完毕后，可将茶渣取出，置于刚才放茶叶的小瓷碟，看茶渣：显嫩叶，完整柔软，微褐红，很肥美，叶底肉身厚。

六、品茗地点：茶友的画廊。

上：置茶入壶，热水浸泡，不必实施温润泡，直接泡足所需时间。

中：出汤先要倒进茶海，再从茶海分茶。否则一直留在壶内的汤容易变苦。

下：不一定要用双手奉茶，需要衡量泡茶席、茶器摆放位置的安全度与适合度来设定。

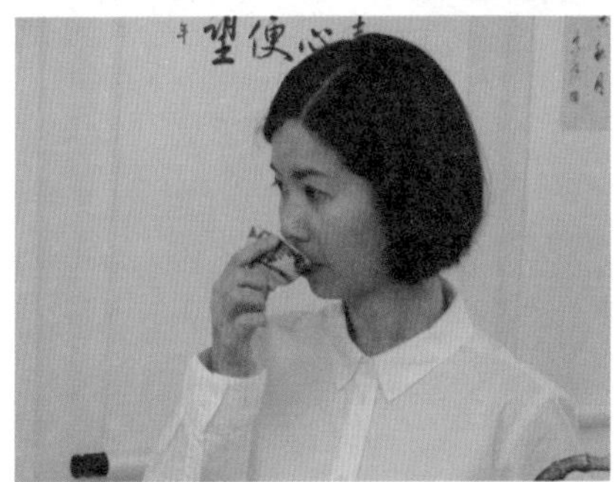

上："看" 汤，不只是 "看" 它，要解读它欣赏它。
中：品茗是要用上所有感官的活动。
下："看" 茶渣，也属于品茗内容之一。

上：从茶渣可读出茶的身世与经历。

下：装水与茶渣的水方，不一定放置泡茶席上，可另摆放一角，用时才取。

第二篇　六堡就是老的好

六堡就是老的好

喝六堡一定要喝老六堡，只能喝老六堡。多老才算老六堡？老六堡的执迷不悔的仙级迷，会耸耸肩淡淡然跟你说，总得要70年代之前做的才能喝吧。仙级迷心中的“老”，概括的不止六堡茶在制成后的存放期；存放收藏了多长久，怎样存放固然重要，制作年代所蕴含的却是一种绝无仅有的时代气息。当时人们用什么态度生活就会用什么态度做茶喝茶，那是永远不能重来的气质，长年累月隐藏在茶中暗暗发出香气。仙级境界的迷者天长地久只抱着五六十年老的六堡摩挲厮混。

有人哗然，如此说法不切实际，那我们的六堡还卖不卖？问得好，如果指的是婴孩期半成品，味道根本还没酝酿成好喝的六堡，拿出来现世多不好意思，当然不卖。仍在酝酿修炼过程的六堡茶，喝来喝去总微微渗出一种凶巴巴的气息，几口下肚后胃部隐隐然略感刺激，这情形就好比将未熟透的香蕉、芒果、木瓜从树上采下来就吃，不是说它不可以吃，但如果我们能让这些茶啊水果啊持续熟成，再过一些时日它们的味道自会更趋饱满完整甜美，那才是真正享用它们的好时刻。

上世纪50年代六堡。

茶汤，上世纪50年代六堡，2013年开泡。

手上没有70年代之前做的老六堡该怎么办？的确叫人同情，那倒是可以从轻发落，心向往之又未至于成为“迷”的，起码二十年陈期，再没得商量了。新手从十年、八年陈期喝起吧，那已是大赦，其他的都叫作新茶即所谓半成品，不喝也罢，喝了徒然伤感情。

为什么六堡越老的越是好喝？不知道，它就是好喝，真正懂得品尝、享用过老六堡的人都知道，而且，看一眼就知道它够不够老，好不好喝，其他闲杂人等苛责有之质疑有之至死不肯明白，不愿接受此类亲身体验、把自己的身体当作品茶实验场所的说法，不相信有人能细腻至把全身感官、每一个细胞皆打开细细密密地感受茶。老六堡的好难道还能有商榷余地？

诚然，各种从实验室发出来的报告——有关茶叶所包涵的成分，及它们如何影响口感的分析，当然不会不是真的，但拥有了这些报告不代表能把味觉、嗅觉的敏感度修炼到家，也不代表品茶能力会自动提升。品茗时只仰赖实验室的数据报告对老茶一点也不客观。

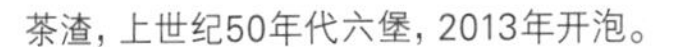
茶渣，上世纪50年代六堡，2013年开泡。

冲泡前可提早收入茶罐。

看到新手对待六堡茶的粗暴行为，喝六堡茶长大的人会惊心动魄，不过三泡他们就嚷嚷没有味道，要弃掉了，可怜茶民差点没成为拾荒者，把茶渣一一抱回家。冲泡六堡茶绝不能从绿茶、乌龙茶或渥堆普洱茶的角度切入。绿茶的鲜纯固然只应天上有，就算它苦也苦得特别美，而乌龙茶的花香果韵简直叫人一头撞进迷魂阵大晕其浪，渥堆普洱茶的味道较易释出，但六堡茶就是统统欠奉这些，六堡茶刚刚浸水前几泡味道并不马上显现讨人喜欢的层次感，六堡茶的魔力是越喝到后面越精华浮现，绵绵、稠稠的感觉滋养着整个口腔，进入我们每一个细胞。

我喝过的老六堡都是用竹篓装，几十公斤好大一块，经过时间与空气的渗透，它们不再绷得那么紧，打开时会有阵冷冷的茶气幽幽升上来，渡茶民成仙。乌黑油润的茶条，黑得那么透明，镶着光环似的，大部分仍看得出是嫩芽头；有时它是药味，有时它是一块木头的味，有时实在叫不出它是什么味，但它们都如此地迷人，同样地叫人如获至宝。

焖在咸蛋缸的六堡茶

有六堡茶买家说，他带着白花花的银子进场点石成金的经过是这样的，谁手上拿着他想要的茶，他登门造访即用“我来我看我占领”的姿势讲数[①]，希望断仓让他全盘收购，价格高一点点无所谓。假设你有一百公斤茶，每公斤要卖他一百零吉，现只愿意售出五十公斤，他会告诉你他宁愿给你每公斤一百二十零吉，但必须得马上清仓，如果你不同意，他一片叶子也不会向你要；还有，今日你不应承清仓给他，他朝你反悔却将茶叶悉数拱手相让于其他玩家，“那可不行”，他压低声音说。

为什么要争取断仓？因为一个人垄断的罕有物从此以后便唯我独尊，爱怎么玩就怎么玩，不爱卖给谁就面左左[②]给他白眼，喜欢卖多少钱，随便，心情好时卖贵一点，心情不好时卖更贵。

就这样，我们从小喝到大的老相好六堡茶，妈妈在大日子里浸泡来祭拜神明的六堡茶，突然像乌鸦飞上枝头变凤凰，一下子

①讲数：粤语，指谈判商量。
②面左左：用不好的脸色与别人相处。

矜贵起来，我们好像再也拿不出这茶钱了。从前，除了妈妈骑着脚踏车去杂货铺买一点六堡茶回来用作拜神（故我们也叫它拜神茶），祭拜后用剩的留着在一只瓷壶焖着慢慢喝以外，吃虾饺、烧卖点心的茶楼[①]所提供的茶也是六堡，但茶楼的等级比较高。那时我哥在怡保[②]一家叫珠江酒楼[③]的当学徒，他说客人用餐也多用六堡茶，要把整大块的六堡茶隔水蒸松开来晾干，每次冲泡只拿要用的量。

当时劳动量大、出汗多的蓝领如锡矿场工人、割胶工人，天天出门工作前会在家自己焖泡茶水外带饮用，当时他们用木柴烧火，拿铁皮桶煮水，水煮滚了，火也渐渐灭了，将茶叶扔进去盖上盖子焖泡。一来六堡茶便宜，二来他们相信六堡茶叶焖泡饮用对身体极好，可防止恶劣环境下工作所带来的疾病，所以六堡茶实

①茶楼：传统粤式“一盅两件”的点心楼，不做饭菜，只有早市。
②怡保：地名，马来西亚三大城市之一。
③酒楼：传统粤式饭馆。

在就成为了庶民的“药”。那时，锡矿场如果有提供茶饮，保管更加容易请到人工作。有些锡矿场有个管伙食的，无论是男是女，大家一概叫他“masak”[1]。煮茶是masak做的事，masak每天早上用木柴起火，在一个大铁锅灌满水，煮将起来。厨房边上摆置了两个咸蛋缸，masak随手抓两把六堡茶扔进咸蛋缸内，待铁锅的水煮沸了，就把水倒进咸蛋缸焖泡茶。各路英雄也好、穷鬼也好、苦工也好，就各自提着自备的大茶罐来舀茶，一般是铝罐，盖子打开可当杯子用。缸里的六堡茶叶不必天天换，每次加新茶叶进去就灌水焖，直至差不多半缸子满了才换。

焖着泡，该是向来享用六堡茶非常好的方法，老旧的普洱也要焖泡才好喝。怡红院的丫头也焖茶，有一晚林之孝家的来巡查院子，说恐怕宝二爷吃面吃滞了，也该焖些普洱茶让他喝。牙尖嘴利的丫头，是晴雯还是谁抢着回答，早就焖了一茶缸子女儿茶，喝两碗了，现成的，大娘也尝一碗？这样的妖精，难怪活不长。

①masak：马来语，作动词用即指烹煮，作名词用即指煮食的人。

六堡茶的煎煮、焖泡与冲泡

我姐叫我回怡保，我带着上路的必备良药：六堡茶，出门前焖泡好一些，盛进保温瓶带上车，必要时润润脾胃通通气，舒服得很。另外一些茶叶收在袋中，随时可居家泡饮。

旅途中选择什么茶并无硬性规定，但也绝非随便什么茶都好，最重要的是对胃。食物或饮料吞进肚子，胃马上能判断到底受不受落，反胃？开胃？收敛性过强？毫无刺激感？简单来说就是舒服不舒服？聆听你的胃讲话，“喝对”茶的机会大概就百发百中了。

所谓“喝对”茶，即喝下去脾胃能感觉滋润而不燥，提神醒脑之际精神却又是放松的，脚趾头手指头皆越喝越暖乎乎的。有没有相对的“喝错”茶这回事呢，也算有吧，喝的体质错了，喝的时机错了，如：状态欠佳那个上午，饭、油不沾半点的节食美人儿，“喝错”茶自然会有生理反应如头晕、胀风等不适感。

挑六堡茶，且是十年、八年老的，因我估计：一、农历新年的饭局多又乱，肯定吃无定时，大鱼大肉超量；二、怡保新年时节的天气超闷热，出汗奇多；三、舟车劳顿之后疲累不堪。老六堡茶性属温，我最对胃，怎么喝怎么好。人家说别一大早喝茶、别空腹喝

用土罐子煎煮六堡茶。

茶、喝多了会如何如何等好言相劝，放在老六堡和我的关系上统统宣告失效。饱食之后喝它，有助消滞已成理所当然的表现，它是年菜的好伴根本不必赘言。但亲爱的好老六堡，它还是我一早匆匆忙忙准备行程，不必吃任何食物即可饮之的早餐，它给我一阵微微饱腹的感觉，也有清肠胃通便之作用。老六堡喝起来的口感醇陈爽口，略甜，就是这一丝甜，令嘴巴两颊部分不断涌出唾液，仿如有一潭泉水在供养着滋润着我的臭皮囊。不断生津所产生的解渴、去暑、清凉等效果，最后变成宁神作用，我的胃就会告诉我的脑袋，我很愉快舒畅。

接下来在怡保的几天，家里几位妇人轮流各施其法帮我煎煮六堡茶，A用一把非常漂亮的不锈钢嘟嘟壶烧热水，递给我一个罐子，吩咐我把茶叶扔进去，浇水盖着浸泡。B用一个超大的煮水煲烧热水，给我一把中小型不锈钢壶浸泡茶叶。C将一个有盖罐子递到我面前，着我把茶叶丢进去，加水后直接往瓦斯炉上放，用

小壶茶法冲泡六堡茶。

极小极小的火煮，然后站一边看火候，汤滚开即灭火，让茶继续熬着，是深度的焖泡。喝后的直觉认为C那一手——置于炉上慢火细煮，出来的效果特别好，口感比较柔软些吧。注意到C家里煮茶用的水，属某牌净水器的过滤水。水质能改变茶（食物）的味道，那倒是讲究饮食人士毫不迟疑能举十个八个实例来佐证的。认为提出数据太严肃？这样喝茶太累了？也许可以就这么简单说，因为刚好这是一个老茶，刚好碰上适宜的水质，刚好慢火细煮，刚好够火候，刚好足时间，故同一样的六堡茶，却呈现了非平常的味道。

水的威力让我印象深刻的还有两次。一、数年前有位同事从杭州往返，递给我一瓶山泉水，哪个山哪个泉？不知道，随手买的。我马上煮了来冲泡龙井，在浸泡过程中，只见清水缓缓化作嫩绿透澈的茶汤，那一抹润亮的绿，是直至如今我见过最漂亮的。稠稠的茶汤，入口如丝般滑，质感非常非常细腻，一点也不苦，柔美而回甘，和平常所泡出来的滋味完全两回事。同样的龙井，之后我也试过无数次，所得汤色浅绿，浓稠欠佳，口感稍粗，似乎水的分子并没有小到可渗入茶叶核心，引爆它不可取代的独特香味。二、是Z先生从关丹[①]带了些山泉水进城泡茶，用不完转赠于我，我带回家，拿了些1996年的旧普洱泡将起来。这普洱出厂即来到本地，由马来西亚气候养着，我手上这批一直亲手带在身边，每隔一段时间便拿出来泡饮，随手作观察和记录，跟进它的变化。原来眉批：此茶滋味浓强，果然有大马干仓风格，但带点“利”的感觉，使舌尖生苔；后面几泡尚圆融，但前面数泡微微带酸味，美中不足令方信。来自关丹的山泉水，明显令它的味道变得更醇厚有后劲，活力十足，“利”的感觉消失得无影无踪，随之而来是“滑”的口感，非常饱满。

除了用水，真能显现六堡茶的特性应该还是C用了煎煮法。六堡茶使用煎煮、焖泡或浸泡法得来的效果不太一样，前者能渗

①关丹：马来西亚东海岸主要城市之一，山泉水来自当地林明山。

透进茶心，将可溶性内含物完全释放汤里，综合程度比较高、百分比均匀的茶，入口较滑；后者一时三刻未必追赶得及也是可能的。但如此这般煮法，首要条件当然是茶叶必须有一定年份。无年资的茶叶拿去煮，越煮越涩，甚难入嘴，不堪养胃。你问我有什么科学证明吗？人家的有关水啊茶啊的化验报告我倒是略有所闻，但我自己却还未做过，以上所言全属感官分析，你要觉得是无稽之谈拂袖而去，我也会赦免你。

我把老六堡当药饮

喝六堡茶后会觉得身体特别舒畅，那是很久以来就习以为常的事，往往能清楚感应到有一股暖和的热流，一寸一寸循着血液逐渐遍布全身，有一股气从身体中央由内向外辐射，散至头顶、每一粒手指头和脚趾头，当我听见人家怪异地问“怎么你喝六堡茶的样子像喝酒”的时候，我就知道我的脸色泛红似醉酒态，神情该是很放松想要睡觉的样子。

也许我永远叫不准含藏在六堡茶内那些有益成分的具体名称，不能像网上的资料库般姓甚名谁如数家珍，但我知道，我可以不吃任何东西、空肚喝六堡茶也不会造成任何不适，就这一点来说，其他同级同价位的茶是望尘莫及的，除非你有办法拿到做工极好最一级棒的，否则肯定要你胃抽筋。

这六堡茶，并不需要顶级的，就是小时候在万里望[1]，妈妈泡来祭拜祖先神明的那种即可，巴刹里的杂货铺、药材铺及香烛料铺皆随手买得到，现在或许都不见踪影了吧。那时妈妈拜神后所

①万里望：马来西亚地名，距离怡保三英里，作者的出生地。

上世纪80年代六堡。

同属上世纪80年代六堡，成品拼配散茶（左），箩筐剥落的原形紧压茶（右）。

剩余的，我们加热水焖着，有事没事喝半天。约八年前仍可在怡保陈春兰[1]买到约二三十零吉一公斤的等级，也能喝出一个清肠暖胃醒神了，如果获得级数高一点，那无疑叫人嫉妒。我当时购入一些硕果仅存、约四十五零吉一公斤的，现在冲泡来喝，几杯下肚，感觉血液循环通气致使手臂、额头、耳后及颈后会发轻汗，整个人的精神也会在一顿茶的时间变得轻盈许多。喝茶可以喝得饱，不用吃饭，就是它。

有位老人70年代曾在锡矿场当过机械管工，他说，矿工们为了锡的开采，从早到晚耗费极大体力，并且双脚都湿淋淋浸在水泥中，没有听说他们会犯风湿的，只见他们个个都很壮汉，腰都板得直直的，该就是锡矿场每日提供六堡茶煮饮带来的驱寒除湿功劳。

①怡保陈春兰：怡保，马来西亚第三大城市，霹雳州首府。陈春兰是在怡保专营烟、茶叶的商行。

我用自己的身体作为喝茶的实验场近二十年，得来的经验是，不管抱恙或无恙，尽管喝“好”、“老”六堡，“老”的意思是，最少收藏三十年的光景，客气一点，二十年勉为其难接受。好且老的六堡茶简直可媲美仙丹灵药，我照样在任何时候空腹就敢喝它。老好茶经过光阴的润泽，仿佛转变成一帖符咒，有病医病没病补灵魂。谁那么幸运，集“老”与“好”于一身？非常难。假使谁手上拥有的六堡茶是够老的（六七十年老），我们便不论级数，那等于是看门口[①]的药了，得到同等珍爱的还有老普洱以及老铁罗汉。

①看门口：当事者认为很重要的一种东西，即使不常常用得到或较稀有的物品，总之一定时时刻刻预备一点，要的时候就可以拿出来“救命”。有未雨绸缪之意。

老六堡要给懂它的人喝

不知怎的，最近行运行到脚趾尾，林老板几乎天天请喝老六堡，比我还老的老六堡，没有福气的人可沾不到光，老茶佑我。

这老六堡，收藏在林老板办事处，角落头最高处，置了个紫砂直桶小缸，双层盖子。老六堡就潜龙于此。太高了，我需站在椅子上，再垫起脚尖，伸长手指才能摸一撮。林老板每次着我去请茶，不忘喊一句：别闪了腰。老茶用只旧瓷碟盛着，再请出一把天青泥掇球壶，老艺人做了几十年的款，功力都在那儿。热水一浇，老六堡的槟榔香味就飞龙在天了。

很奇妙，当我们喝到好茶时，往往我们会先谢天谢地而忘了谢请客的茶主，这一刻，平常极俗气的茶民，也能马上发觉天地的珍宝，大自然的美，就盈盈荡漾在自己手上的小杯中，人就会突然变得大气起来。

也许我们早已伤透了心，因着消逝的时间、失去的感情、得不到的宝物，终省悟每件事情的发生并非偶然，都有一连串天时、地利、人和的支配，我们唯能在夹缝里或笑或哭，美其名曰一期一会，活在当下。故有老的好茶喝时，我从不推辞，也不会客气。

上：上世纪七八十年代的六堡茶（收藏在马来西亚）。（Lee Seesy摄）

下左：上世纪80年代六堡茶，2002年于马来西亚怡保陈春兰请回家。（Lee Seesy摄）
下中：六堡茶需要烧开的高温热水泡。（Lee Seesy摄）
下右：六堡茶焖泡法，直至茶汤呈红浓才倒出（上世纪80年代六堡，2013年开泡）。（Lee Seesy摄）

茶渣，上世纪80年代六堡茶，2013年开泡。（Lee Seesy摄）

拥有老的好茶的大人有大量，原谅我，我想说，老的好茶，不过是上天暂时将它寄养在某人手上，该喝的时间该喝的人到了也就喝了。

以前有老的好茶喝时，我还蘑菇蘑菇谁是茶主，谁是主泡，谁是陪客，仿佛“人”是调味料，有诸多顾虑，那根本是我该喝的时辰未到。

有老六堡喝，能亲自泡上一手老六堡，是流放茶国的老茶鬼的终极安慰。老茶鬼一喝经年，除了睡觉，睁开眼睛的时间都在喝茶，不然就是在赶着去喝茶的路上，喝遍这许多茶，老的好六堡喝了之后不觉饥饿，嘴里一阵阵甜意浮上来，并涌现出新的唾液滋润五脏，这种感觉令胃特别舒服，胃舒服了人也暖洋洋。

有人存疑：“难道阁下之胃不是越喝越铜皮铁骨的么？难道阁下不是逢茶喝茶的么？为何对老的好六堡有所偏好？”我非常纳闷，似乎我喝茶喝得有所选择有所爱憎是极为不堪的一回事。

心水清者自然明白，随着一天一天年长，喝茶可以很哲学，也可以很科学。喝得很哲学，是痴长几岁的人难免懒散下来，养成得过且过的态度，有什么茶喝什么茶，怎么喝怎么好，将自己置放在一个很舒坦的心境便是了。喝得很科学，是痴长几岁的人难免有些恶疾缠身，不得不养成挑饮择食的习惯，以讨好肉身那头怪物。我们的肉身最敏感了，一个不喜欢，吐给你看。偏老六堡能整治它，我不乘胜追击还待何时？

六堡一壶二杯泡法

1. 一壶二杯一热水，壶、杯包妥，与旅行用热水瓶（保温性能高者）带着走。一壶二杯，一次能将茶汤倒光。

2. 另备计时器（或手表、手机）、茶巾（或手纸）。

3. 剥散的六堡（陈春兰·1980年代）置1/5壶，可泡五道。

4. 此次用银壶，用以呈现老六堡修炼后的晶莹润气。

5. 第一道50秒，第二道20秒，第三道45秒，第四道1分20秒，第五道3分钟。

6. 泡好茶，第一杯倒1/2，第二杯倒满，补满第一杯。

7. 独饮时先喝第一杯，再喝第二杯。两人同饮时，你一杯我一杯。

8. 最后一道倒得特别干，收拾茶具，不清理。回家或回旅馆清理茶具与包材，热水烫壶烫杯，打开壶盖，壶、盖、杯朝上放置令干。

9. 旅馆内、野地上可泡。

10. 若三人行，备一壶汤量的三个杯子，若四人行，备一壶汤量的四个杯子。

11. 品茗地点：树林园地。

上：林地里泡茶可使用旅行茶具。
下：出汤需来回平均倒入茶杯，最后一滴要倒尽。

上：旅行茶具的全部：一壶二杯、一热水瓶、一茶巾、一包壶巾，统统包好收进布袋。
下：慢慢享用。

六堡品茗记录

一、茶叶：六堡（SSHC.PENANG.1980年代），打算品茗的前一天，打开原装箩筐，取一泡茶叶收入小紫砂茶罐，让茶叶透透气。准备茶席时可将茶叶置品饮杯内。

二、用烧结程度高的紫砂壶，旧青瓷品饮杯。

三、用水的硬度78ppm（表示很软，超过150ppm表示微硬），用纯

备具：壶与壶承、杯与杯托、茶叶与热水。从家里提出去花园布席。（Lee Seesy摄）

观赏茶干。（Lee Seesy摄）

黄铜壶煮水，保温性能要高。

四、先从品饮杯内观赏茶叶，才将之入壶。

五、烧开热水马上浇入壶内，焖泡2分钟、5分钟、12分钟各一道。最后一道浸泡着，收拾回家，放至夜晚就寝前倒出品饮。

入茶。（Lee Seesy摄）

热水焖泡。（Lee Seesy摄）

六、泡茶时不实施温润泡，不以热水淋壶身。

七、出汤时以来回方式分茶入杯。茶需微微降温才品，入口清润、醇净。

八、品茗地点：自家花园。

浇出汤入杯。（Lee Seesy摄）

别忙着吞咽，要与茶汤缠绵一番才能尝出滋味。（Lee Seesy摄）

“美丽的茶汤”，珍惜她，欣赏她。（Lee Seesy摄）

第三篇 热爱熟火乌龙

微酸茶韵心头爱

有些人一听说“这茶带酸味”即非常反感，不分青红皂白，马上弹开三尺远，如见蛇蝎。可怜，对他们来说，“这茶带酸味”只能意味这手茶是低劣等级，他们当然要与这么难喝的茶划清界线。

喝“酸”茶的茶主，等于宣告没品味，他们更加要割席绝交。如果这手“酸”茶原来是他们的，要命，从此以后说茶“酸”的人，永远成为他们口中“不懂喝茶之人”。

酸，有这么令人讨厌吗？

食物的滋味，无非是食物中化合物质的含量和人的感觉器官对它的综合反应。茶也是同样道理，茶叶中有甜、酸、苦、辣、辛各种基础滋味，由于茶树品种、生长环境、生长季节以及制茶工艺都不一样，能带出不一样的味道，我们精密构造的味蕾自然也能一一尝出其中销魂滋味。

酸，其实只不过是茶叶的本味之一，何必惊慌？酸中带鲜甜，那是由谷氨酸、谷安酰胺、天冬氨酸等物质形成，酸中带涩，由没食子酸呈现，单单一个酸味，由多种有机酸形成。茶带有酸味物质，是本性如此，若想让茶喝起来甜一点，就必须使茶叶中的糖类与氨基酸的百分比高过其他成分。

我喝过令人非常愉快的带酸韵的茶。有些普洱生茶，因为生长的土壤特殊，山头拥有特殊的“山头气”，即自己循环着一个与众不同的生存小气候，比如易武乡，往往或多或少酝酿出一种别地没有的、天然的、爽口的酸，和微微的蜜香，叫人解渴生津。

自然陈化收藏的“7542-88青饼”，不知为何（因我从来没有拿过此茶叶去做化验），近年的口感已经转化出浓郁而清爽的梅子酸，喉底挂微酸蜜韵，渐渐上升遍布满口，一直喝一直喝，越接近香味发挥的高潮越明显，任由其余“同校不同期”的普洱们有天大本领，也盖不过它的酸韵风头。

带有弱果酸味和正酸味的青茶事实上也喝过不少，以中发酵、熟火烘焙做出来的上品青茶为多，这类茶，香浓韵强醇厚回甘好是基本功，三泡过后，有一种叫人无可抗御的酸韵会浮上舌面，像吃过蜜桃般的余味，那就是人生中的可遇不可求了。

诚然，有许多令人“见过一次鬼从此怕黑”的劣酸味，比如高温烘干的普洱放一段时间再喝；比如渥堆普洱在发酵时掌握不好翻堆、出堆时间，喝起来都会有刺激性的酸味，且锁在两颊久久不退；还有，乌龙茶随便拿去重复焙火，焙火时使用高温，表茶老受热，火却钻不进茶心，也会带来败酸味。

茶民无意包顶颈[①]，故作语不惊人死不休，只为那曾经给我带来快乐的十年上下老普洱生饼、数年老岩茶[②]、伯爵红茶、正山小种、铁观音等的果酸味不甘。如果继续受那些五味不分的人排挤，茶们会不会从我的生活中消失?

①包顶颈：非理性的争论，抬杠。

②岩茶：生产自福建武夷山的乌龙茶，茶树多长在岩石凹缝间，故有此称。

仙界茶

友人问：到巴生[①]吃肉骨茶[②]，要带哪种茶下饭最正？我的不可取代的天仙配，是永远的熟火岩茶，这种茶的香味，次次喝都有不一样的浓醇、回甘，一滴一滴都是活的，于舌尖间溢出，它可以鲜美得如水蜜桃，也能甘饴得如青苔汁，与肉骨茶的肉汁药汤味是一对天王天后的绝配牌。

岩茶的特别，在于它的“不拼配”，不愿拼配混杂品种，是导致岩茶产量越来越少的主因，这个茶三五斤，那个茶十来斤，须依照每个茶的脾性适时适地给予走水啊，发酵啊，炒啊，焙火啊，所花费的精神及工夫只会加倍的多，如此精心炮制的限量手工茶，往往是买得起的人不会喝，会喝的人买不起。

碰到过一些茶农，他们把茶叶卖错给一些粗糙的人，不会喝，把茶叶糟蹋了，难受得很。他们喜欢那些带着期待与珍惜之情来选茶的人，卖给了他们就感觉高兴些。有人骂我，这么贵的茶拿

①巴生：马来西亚地名。
②肉骨茶：用香料、药材炖煮的猪肉排骨汤。

去配肉骨茶岂不糟蹋了？他还不明白这是一件与钱无关的事。生普洱太利，熟普洱太平，绿茶太清，花茶太艳，唯岩茶门当户对肉骨茶的肥。

岩茶的生长在小宇宙中有自己一个据点，生长茶树之处离得中心点越远，气候泥土越不是味，种出来做出来的茶当然一里不如一里，价格也一并随着节节下降。这样的方式原本无论对卖方或买方都非常专业，双方都拥有自由去做什么茶买什么茶，纯粹属于一种选择。比如你花五百零吉买了正岩茶，喝起来的味道价值也等同五百零吉，比如我花五十零吉买了外山茶，口感亦相当于五十零吉的价值，这样喝茶，自然是各有各精彩，久了就学会分辨对错、好坏。

故在武夷家家户户都会拥有自己的大红袍，家家户户的大红袍都拥有自己的签名式色香味。如此做法并不牵涉真假茶问题，它只有“质”好不好的问题，及喜不喜欢喝的问题，

如果“质”与价格成正对比，手快有手慢无，无妨。值得欣慰是，通常茶农都会将家里最好的茶叶名为大红袍。但直至有一日，

我在武夷市内忽然发觉，原来有人将铁观音当岩茶，将白毫乌龙[①]当岩茶，将外山茶当正岩茶，我的世界一下子跳起来。

岩茶瘾君子其实并不介意岩茶到底是否叫大红袍，只要它是好喝的岩茶，好喝的岩茶滋味细、稠、醇、活，香得入心入肺，清而远；好的老普洱茶也会出现同样特征。假如我有钱，我不会去买普洱生茶，收藏若干年后才拿出来喝。我宁愿买顶好的岩茶，马上泡饮，行乐要趁早呀。若要境界，岩茶是这样喝，开一壶茶，三泡过后，滋味正浓得化不开之际即停，含着岩韵[②]到日落。

①白毫乌龙：采摘鲜叶经虫（茶小绿叶蝉）叮咬过，再经重发酵制作而成的乌龙茶，带蜜香味。

②岩韵：优质岩茶带有可咬嚼的香味，会存留在喉底一段时间。

在石头与青苔香味间游走的人

熟火岩茶始终叫人牵肠挂肚，喝后过了很久，整个口腔依然摄着一缕香魂飘呀飘，久久不愿散去。大嘴巴会自动发出嗒然有声的节奏，舌尖会贪恋舔吮徘徊于唇齿间的韵味。持着只空的小白玉杯，频频推向鼻端，鼻翼振动做深呼吸，顺势闭上双眼，挂底的冷香就被这套江湖传闻的武功罩住，无处可流窜，唯一出处只能是鼻孔，然后直冲云霄上头顶，终于情不自禁从喉底发出一声轻叹："唔，好喝。"

世界上凡有茶喝的地方，就会有这么一群执迷不悔、执意沉沦熟火岩茶的人。他们拥有非常敏锐的感官，无论看的、嗅的、尝的，不费吹毫之力便能分辨出其中细微的苦涩甘甜，谁优谁劣。

卖茶人家见过鬼、怕黑，都拜托老天爷，别让他们来买茶。说不准贵客一开口就说："这只能当我家园艺肥料的叶子也算茶吗？"他们是不受欢迎的人物，各店堂自有一张秘密名单，由店家口授学徒，代代相传。

他们从不委屈，非常小心保护自己的心，保护自己的心头爱，还有，保护自己的味蕾，所以他们从头至尾并无养成到店家买茶的

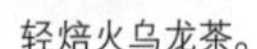
轻焙火乌龙茶。

中焙火乌龙茶。

熟火铁观音。

习惯。他们都像参加了某个不可告人的天地会，定期定时盘恒于某地召开武林大会，自有各路盟主、大侠、英雄或劫富济贫，或打抱不平，弄来许多好的熟火岩茶来分摊。当然，分摊是要给钱的，就是因为需结账，故哪能不炼出一双金睛火眼来测茶？哪能不养成一条皇帝舌头来验茶？又哪能不查家宅，验明这熟火岩茶的祖宗十八代？

在没有滴血为盟的情形下，他们依然形成形象非常鲜明的同志秘密花园，出门必暗藏私房茶，出手必亮一二把清末民初砂壶，游走江湖的茶迷不会不知，他们自成一个部落，谢绝滥喝茶的人或喝烂茶的人，没好茶的人也勿近。

他们天生对气味有特殊本能和感情，往往带点艺术家的宁缺毋滥脾气，并且老神在在，季节不对不吃，方法不对不吃，所以很快即会喝得很精。喝得越精，越发无助，因为，好的熟火岩茶这么贵，谁喝得起？

岩茶迷都是一群七级武装戒备的瘾君子，他们大多从入错门拜错师，或者误交损友贪威识吃开始，自此，他们与他们的鼻子及

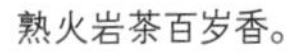

熟火岩茶百岁香。

2011年轻焙火佛手（左），上世纪80年代熟火佛手。

熟火岩茶白鸡冠。

嘴巴都被囚困在岩茶的石头味与青苔香内，一辈子休想浪子回头金不换。

我愿以我的一条左臂来换清茶一杯

熟火岩茶在冲泡七巡甚至十巡之后，越显真章，一股奇花仙草的韵香仍然非常飘逸，类似一种蜜桃的清甜味，通过舌头，仍然在骚动着喝茶人的灵魂，五官感觉比平常何止敏锐百倍，身上每一个毛孔都似要打开来迎接新鲜的空气，体内一股茶气缓缓流向每一根头发、每一根手指头及每一根脚趾头，手心暖起来了，脚板暖起来了，心活了，情绪静了。真是一趟“清”旅程。

如何走一趟“清”旅程？只要你手上拥有好茶好水好壶，天天出发，包管直飞，半途绝对不停站。君不见有些师傅（真实身份为店家）收徒弟（其实是顾客），专门以（贵的）好茶牧养他们的嘴舌鼻，以（贵的）好茶豢养他们的品味，以（贵的）好茶驯养他们的性情。快则三个月，慢则分分钟半生不悟，这些徒弟一个接一个，都逃不脱如来佛掌心的五指山。一旦缺乏好茶侍候，他们会像老孙被念“紧箍咒儿”般，统统痛得死无葬身之地。

昨晚看了部旧电影，沟口健二的《近松物语》，里面有个小配角，饰演个不务正业的弟弟，自娘胎出来就专修吃喝玩乐，长大了副修借钱。他姐夫忙着应酬高官接生意，他姐姐忙着空虚，后来忙着逃亡和谈恋爱。总而言之，各人有各人的忙。这位弟弟，总在诸人因为他来借钱而产生龌龊之间，优雅地吟唱，或弹琴。有天，他母亲抱歉地向他唠叨，他转身踱步进茶室，非常有灵气且熟练地点起茶来了。当我看到茶室那一刻，我已决定马上原谅他。看，一个人的时间、精神和金钱花在什么地方是有目共睹的，他所癖之精之多，唯以一辈子的臭名换之。

故别天真，“清”旅程的好茶好水好壶就算并非价值连城，肯定也需充足银两才能换取。还是外国人的心眼儿比较现实，看到心肝宝贝的玩物，遇到心仪的对象，碰到心动的升职机会，一律马上承诺：“呵，我愿以我的一条左臂来换它。”什么都没有的人，只好以肉身作为代价。

一直埋怨岩茶难喝的人，抱怨岩茶没滋味的人，认为岩茶需投放重重茶量才能泡出真味的人，以为岩茶重新覆火就会变好的人，你愿以什么来换取这种“清”的感觉呢？“清”是“纯”，是“不浑浊”，“清”与弱、淡、软、平、轻、青、杂和苦，完完全全、截然两回事。

陈放过的熟火乌龙

在香港认识一位焙茶老师傅，他那焙茶间和焙笼令人惊讶地一尘不染，再看仔细一点，挂在窗口的竹帘、清洁用的拖把也卫生地干爽地在站岗，连他自己都必须天天于进门处的玄关换上干净工服，才御准开动。先喝他烘焙过的陈年乌龙茶，后来到烘焙现场，看见这样子一丝不苟的态度，才了解一位焙茶人的用心所在，折服于他对气味的处理。

陈年熟火乌龙茶——顾名思义，制作完工的乌龙茶，经适度足火烘焙稳定其风格，再自然陈放收藏若干年后，以时间来酝酿味道，使之转化得更甜润。这类茶，香港、台湾、新加坡、马来西亚一带拥有为数不少，很多属非商业陈放行为。几十年前，马来西亚有些传统茶行都设有自己的焙笼间，配合市场需求，用多种乌龙茶经拼配再复焙火，烘焙出自己的招牌口味来兜售。久而久之，店家遗漏了十箱八箱在货仓也是常有的事，又或者，当时喝起来难以下咽的茶叶，难免会令人却步，忘记它的存在，时过境迁，这些茶如今身价百倍。

如今陈年熟火乌龙茶引起惊艳的青睐，开始吸引一些从没喝

焙火师傅对茶叶与火、水的关系要理解细腻。

过的人来找，茶们当然获得重见天日的机会。像这样无意识无目标的藏放，出仓效果自然而然有点听天由命，不言而喻，有些非常好喝：清、润、甜、活。不说你不知，极品中的极品，茶罐的盖子一掀开，马上有一股冰凉冰凉的感觉直冲而上，唤醒沉睡的茶灵。但，有些不是这样的，采摘原料时条件未够格、制茶时手势出了状况、藏放环境疏于管理等等问题，都只会让收得越久的乌龙茶变得越难喝。

有人发出豪言："只要我出手给它焙焙火，保证好喝过当初。"如此豪言未免太极端，放过许多年之后才面世的乌龙茶，复焙火充其量只能压压惊，退退湿，消消尘，想要彻底改变茶本质是天方夜谭的不可能任务，万一弄不好还会因过度焙火而致炭化呢。

所认识的那位焙茶老师傅，情境颇像老人院的驻院医生，他的专长并不能使人返老还童，挽留青春，但他根据个别老人家的体质和健康情况，给予关怀对症下药，诸如营养菜单、打针吃药、嘘寒问暖，事事照料分秒不离。气候太潮了，让茶们烘焙一下吧；

焙火间热气弥漫，茶香阵阵。

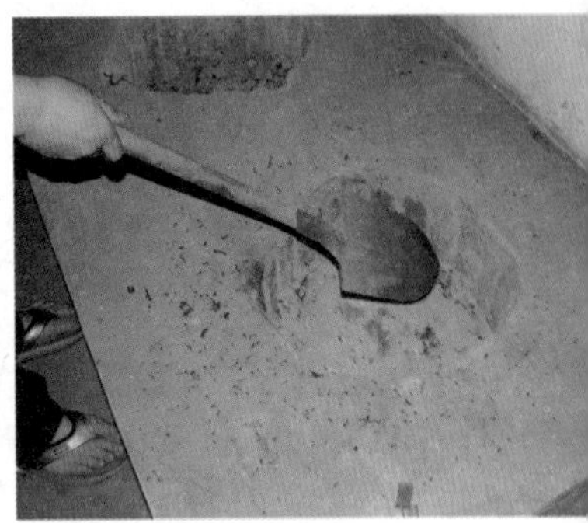

焙火炉的炭以灰盖着，用的时候拨开。

底韵维持良好的，则多一事不如少一事。烘焙时，文火心细时间长，连续花个五十或七十小时在焙笼旁相依为命，像紧急大手术到了输血关头——老师傅身上的心血，输入茶们的经脉，使茶们穿越时光隧道，幽幽地又苏醒过来。整个烘焙过程，无论烧火、茶叶在呼气吸气之间，都需要清净空气的供给。

在曼谷喝的熟火乌龙

一、小旅馆“千里香”

曼谷[①]唐人街是由三聘街、跃华力街和石龙军街三条大街组成，周边环绕着数十条交错纵横的小巷，里面住着的人们，祖籍以中国广东省潮汕地区为最多，约占百分之九十以上，他们部分人仍沿袭着前辈们当初的饮食生活习惯来过日子，作风地道得很。住进唐人街，是要探听一下当地熟火乌龙茶的情况的。

我们在阳光毒辣的下午向旅馆报到，烦躁难耐，预备进门后就要将自己随身携带的茶叶拿出来冲泡，慢慢吸两口恢复元气。这是最精明的自救方法。你知道，住过的旅馆，从来只提供淡而无味的茶包——或像茉莉花茶或像绿茶的物品，喝来黯然神伤。自备茶叶早已成为我生活中的指定动作，忘记带茶犹如瘾君子发作，最低杀伤力估计会狂发脾气，枉死难以数计的细胞，将来难免也会得癌症。

①曼谷：泰国首都。

小旅馆的茶具。

踏入房门，不知怎的马上瞄见在茶桌一角稳当地摆放了一套瓷器泡茶用具，包括一把约1800毫升大小的茶壶，两个茶包整整齐齐依偎着壶身，四只约50毫升大小的茶杯，统统安身立命于一只漂亮的盘子上，旁边站立着一只忠心耿耿的电插煮水壶。

我潜意识地拿起茶包看看（检查），上面书写着“二号千里香”，那一个字一个字温柔地注视着我，像是安慰我之前在所有旅馆曾受过的有关茶包的委屈。我随即融化，收拾好自己的无礼，然后心里响起连串欢呼声，天哪，随便一家三星级小旅馆，随便出手迎宾的便是熟火岩茶，好叫人高兴。

当然还有那一盘一壶四杯的工夫茶格局，是平生第一次难得的于旅馆碰到这样的安排，以往用过的大多是就手的玻璃杯，或中式的有盖有把瓷杯，从来不敢奢求旅馆房间会有一把茶壶等着我，更别谈工夫茶具。直至这一日，我发现工夫茶的灵魂原来潜藏在这一个小房间，马上心软。

我第一次知道“千里香”原来是只茶名大约也快二十年了吧？孩童时站在人家门口观赏电视机播出的电影《十兄弟》，早已

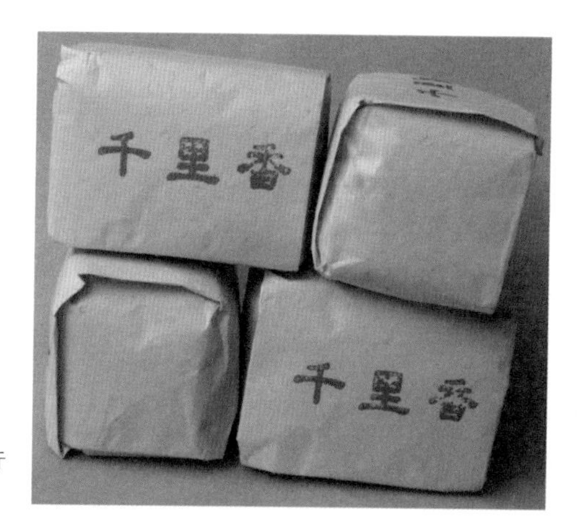

茶行购得成品茶后自行拼配、焙火的“自家茶”，一包半斤(250克)。

熟知“千里眼”属其中一位弟兄的花名，表示他拥有超能眼力，可望得很远很远，对不起，不知道多远，总而言之很远。后来少不更事时乱读一些杂书，知道“千里驹”用来形容能力超强、锋芒毕露的少年侠士，心向往之。都是“千”，都不是“万”，“万”只好是万念俱灰、万劫不复、万丈深渊。

因此当有人宝贝地捧着一只中式古旧锡罐递给我欣赏，说要泡里面的茶请我喝，咕哝一声茶的名字，也听不清，我就自己往锡罐上读刻铭，看见龙飞凤舞三个大字“千里香”，即刻为“千里”二字着迷了，只觉美艳不可方物，这么香这么香的茶，现在与我这么近这么近。

同时期认识的茶名还有半天腰、不知春、金柳条、醉海棠等等，都是绝色的美艳女子，以其独特的莲花碎步款款走进我的生命。但后来由于清香型乌龙茶大军杀到，上述熟果香型熟火乌龙茶不知不觉一一凋零，喝熟火乌龙茶渐渐变成死硬派的地下活动，那些超美丽的锡罐熟火岩茶也渺无音讯了。

小旅馆提供的工夫茶器虽属街边货色，但到底是套完整茶器。“千里香”茶包虽然非顶级茶，但到底味浓香醇。正因为当地人的生活观念中，人人都认为喝茶就该是这样喝的呀，该有完整用具、该这个香味的呀，所以根本无人觉得怕麻烦，打算走捷径。这些小小、小小的事情一旦坚持久了，成为举手投足眉目之间的一部分，它所带来的震撼，令人充满活的生趣。

怎么知道它是街边货色？小旅馆左右几条横巷的巴刹，都摆放在摊位上了，可见是家庭日常必需品，市井庶民也经常购用的一件物品。我信步走进一家老陈卤鹅食档，指指点点一番，准备大啖一番祭五脏庙，只见年轻伙计在厨房已经准备妥当一套工夫茶器，开始舞弄着一把高身银水瓶，将泡好的茶倒入瓷壶，利索地把那套茶器送到我们桌面。我一看，原来每个桌面都缺不了这套救生工具，那熟火水仙茶，喝来浓郁甘香滋润，可救我等蚁民贱命。问老板娘要买，她马上从身后小橱抽一包出来。

恕我作出肤浅的结论，什么叫做营造生活方式，什么叫做创造生活风格，这就是。把事情和物件都还原到它本来的样子，是茶就该有茶的味道，应该如何冲泡就如何冲泡，然后大家懂得喝，喜欢喝，到处买得到，并且，不以为这是什么了不起的品味。

二、林明记茶行

唐人街还有一些老茶行在经营熟火乌龙茶。有家林明记，是家宽敞的店，左右两面墙，一面布满用锡打造的茶桶，正正方方的，横卧着，所有盖子向外看齐，方便取拿里面的茶叶。另一面是玻璃柜台，款式像极20世纪70年代我生活的新村，那时的洋货店、药材店都这样。于中央摆张大长桌，包装茶叶用。桌下搁了个小炭炉，炖着壶热水。靠厨房进口有小桌一张，桌上抢眼地立着一个老旧茶壶暖炉与工夫茶器，以为家常饮用。店家祖籍来自广东潮汕，他是曼谷出生的第二代，珍重地从玻璃橱依序将茶拿出来请我看：肉桂、金柳条、大红袍……，全使用古法手工包装，一张宣纸左折右转，便成密密实实、方方正正一个枕头形的茶包，合四两重。我们用半咸不淡的普通话、潮州语、英语混杂交谈，居然也头头是道。

茶行采用传统包茶法。

茶行古老的锡制茶罐。

我实在忍不住，自顾从暖炉拿起茶壶倒了杯茶喝将起来，汤色深褐、散发甜的果香、无火气、味道浓醇、口感浑圆成熟，是经过拼配法的基调，是经过存放的基调，是经过复焙火的基调，是经过阳光和雨和空气、经过时间的洗练的一手水仙茶，它来自武夷但已不属于武夷，茶们在不同的地方都能找到一种属于自己的熟成方式。

老板名叫林铭全，父亲的创业家传店开了九十年，宝号叫“林明记茶行”，在隔壁；自己的店置于这里算来大概只有四十年，茶叶都自己焙火。他和弟弟分了家经营，仍叫同样名字。

三、美记茶行

另一家在曼谷唐人街地铁站附近，有日傍晚我们闻到茶香，循着香气去，看见一家“美记茶行”。古老锡桶堆砌成一堵墙的设计风格，于上世纪五六十年代喻为传统茶行的指定签名，直至今日，我仍觉得这一手露得又漂亮又实用。周遭有些商店室内设计

老板娘籍贯广东潮州。

徒然有形，家具归家具罚站，人们归人们绕道而行，两不相干、完全扯不上关系，这样与生活脱节的布置是很难让人留下记忆的。漂亮，是锡桶的材质、打造的手工、造型的饱满，是桶够大，一堵墙更加要够大，显示茶的大气磅礴。实用，是把所有不同山头的岩茶纳进个别桶内，往往茶叶并不会收满，预留空间制造一种小气候在桶内，使岩茶在阴凉黑暗空气中滋养着，自然陈化。有人将岩茶小撮小撮收进铝箔袋密封来收藏，那是收藏一百年也不会变好喝的。可惜如今在吉隆坡与巴生①一带，有些茶行静极思动，已将这堵“锡桶墙”砸掉，换上玻璃橱，真是自由社会人各有志啊。

我一眼看见“美记茶行”这堵墙，马上不客气地表示亲切，向掌柜的殷殷垂询起来：“桶上所写的茶名，茶叶都还在吗？锡桶是从潮州来的吗？这么香，谁在焙茶呀？”掌柜的是妈妈，本是广东潮州人士，于十六岁嫁过来曼谷，就开始跟着陈爷爷学做茶的加工与买卖，当时是1938年。如今七十载的一身好功夫，嫡传给了小

①吉隆坡与巴生：皆马来西亚地名。

儿子，小儿子满脸油烟满身茶香走出来，显然是在焙茶间忙劳作。问他，怎么知道一个茶焙得好不好？他说，爸妈两位老人看看茶叶，嗅嗅茶香就知道欠缺了什么或在哪里出了纰漏，他随时作出调整；又说，焙茶的温度是最不好控制的。

茶叶焙火，原是茶叶初制时最后一道干燥加工，使茶身含水量维持在标准内，方便收存。经过一段时间再次干燥就称为“覆火”，目的是为了提升茶的风味，让已制成的茶产生熟火香，喝起来身体会感觉比较温暖，不那么寒凉。乡亲父老辈对焙茶功夫往往有出人意表的执著与傲气，所以消费者是绝对不能在两家店买到相同味道的茶，家家户户卖的茶都属“只此一家，别无分店”的绝对独一无二，喝对胃口后一辈子会依赖它。

他们大多数人的祖籍皆为广东潮州，有件事却让人好奇：就算店铺前方挂了“正宗凤凰单丛”字眼的招牌，但店面销售却以福建武夷熟火岩茶为主打，为什么呢？他们说：曾经，大家也希望能喝到家乡的茶，况且原乡人脉通顺，说话行事也牢靠，无奈广东凤凰单丛茶毕竟生产量太稀少，导致价格飞飚，人人闻风而逃，想做亦做不起来，而福建武夷岩茶和广东凤凰单丛茶本是同根生，以性格、气息相近的基调，合理的质量，布满传统茶行当然水到渠成。旧时那个年代，海外华侨孤身作战实非易事，于是都联手起来成立茶商公会，无论与产地周旋进出口转货还是营运成本事项，大家唇齿相依日子比较容易过。

他们自己喝什么茶呢？答案是茶末。焙笼底的茶碎，包茶后剩下的碎末，……一句讲完，收集所有还能冲泡的箩底橙[①]当宝贝藏着，每朝拿一大撮扔进茶壶，就那么浸积着，喝完加热水喝完加热水，那是一家人一整天的救命水。我老实不客气地自斟自饮，只见汤色呈琥珀红、晶莹清澈，尝来底韵丰厚，口感有绵绵不断的活力，喉底带甜，完全摆脱岩茶收不好或焙不好必出的纰漏——即含有“吐青味”。这是走访茶乡多次之后的经验，茶农和家人怎么喝，卖茶者在家喝什么，跟着喝吧，虽不中亦不远矣。

一般茶行如今面临的困难，恐怕都与接班人有关，焙茶师父

①箩底橙：粤语，指被人挑剩的东西。

的后继无人，令许多香味魂飞魄散，茶们黯然郁郁而终。茶行新一代或不以为然如此辛苦劳作，也有些志不在此，人在心不在，一手功夫真的马虎。也有些茶行长辈们，处心积虑安排下一代去做别的专业，不让碰茶叶，都说太辛苦了。祖传三代的秘方，眼看就要一点一滴从人间蒸发了。

铁罗汉品茗记录

一、茶叶：铁罗汉（2011年制，熟火），放壶的三分之一满，约6克。

二、紫砂壶，200毫升，砂壶要烧结温度高且是已经用过的旧壶。

三、水煮开后稍降温，将热水倒入壶内浸泡茶叶。

四、第一道2分30秒，第二道3分10秒，第三道6分钟。

五、茶量少，浸泡时间长，方能使茶叶内含物充分释出，享受到美妙的韵味。

六、品茗地点：茶艺教室一角。

泡茶席可不铺桌巾，煮水器可置于下方。

茶叶须存放入茶罐，好好保护。

2011年熟火铁罗汉。

茶汤均匀分入茶杯。

品茗完毕后，壶托可放茶渣展示给品茗者一起欣赏。

第四篇　一茶一世界

为茶生为茶亡

前几年到北京，迎面而来的茶都是茉莉花茶，喝得令整个舌面涩到起青苔，不免怏怏不乐——“看来我这一介茶国蚁民穷途末路了，无茶可喝了”，幸亏友人说“我带着普洱茶上路”。那敢情好，把那普洱茶泡出来，盛进保温瓶，背着上长城入故宫，风流不为人知地喝将起来，供养着那具臭皮囊，总算拾回一条烂命。返马后借了豹子的胆，为文嚷嚷“找茶难啊找茶苦啊”无病呻吟一番，之后就销声匿迹，为五斗米折腰去了。

茉莉花茶不好喝吗？也不是。好的茉莉花茶在制作时，必须等待茉莉的花蕾已饱满并转为洁白色，花冠筒伸得长长的，花萼要离开了，才能在当日傍晚采摘，晚上绽放吐露芳香时拌入茶叶，让茶叶吸香。在一呼一吸之间，茉莉花的灵魂依附入茶叶中交融，当我们泡饮时，茶味与鲜浓花香便如影随形，而这就是喝茉莉花茶的满足。但坊间一般所提供的茉莉花茶，充满了粗青气、烟焦气、酸涩气，那还能算是茉莉花茶吗？胸口越喝越闷，是生理的闷，也是心理的闷——又一手好茶的功夫濒临绝种了。

普洱茶很好喝吗？也不是。坏的普洱茶令人泼妇骂街“呸呸呸”大吐口水停不了，跟着肩膀僵硬如风湿发作，然后太阳穴隐隐然喊痛，压轴戏肯定非胃抽筋莫属，喝到这样的普洱茶唯以一杓眼泪对付之。为何当日所喝普洱茶却有起死回生之妙？那是因为朋友收了一些好普洱茶傍身看门口的原故。

大有感慨地唱一段往事只能回味的过门，只不过因为今日我又来到北京了，站在三年前站过的地方——马连道茶叶批发市场，从街口直至一眼望不尽的街尾，茉莉花茶一息尚存，苟且偷生在一些无法被安排营销策略的角落，无论一味讲大的茶城，或小门小户或独家村店铺，漫天漫地飘浮着的是普洱茶的气息，人们看的、听的、摸的、喝的、念的、买的、卖的，除了普洱茶，还是普洱茶。懂与不懂，都为普洱茶而生，喝与不喝，都为普洱茶而亡。中间能有多少快乐？有多少不甘？有多少求之不得？我难免兔死狐悲。感慨之余，命令自己：出差北京几个月，需预先做好接受每一个茶的准备。遇什么茶就喝什么茶，遇什么饭就吃什么饭，把每一顿茶都当作一生里唯一的一顿茶来泡得最好，喝得最好，因为它们并无重来的机会。

处处无茶处处茶

什么时候适宜喝茶，什么时候不适宜？为何有些人该这样喝，有些人该那样喝？何茶何人喝到如临大敌，何茶何人喝到如获至宝？追根究底，答案还得回归本质，当时所泡之茶是好茶吗？

好茶与否，和喜不喜欢喝那茶是天渊之别的两回事。好茶经过世代千锤百炼的吹毛求疵，已练就一身铜皮铁骨，拥有刀枪不入的真功夫，色香味的基准难逃法网，茶汤浓稠，水色清澈亮丽，香气清纯持久而绵长，滋味微苦，浓醇且含韵，这自属等闲事，未够斤两的当然便有那替天行道的高人声讨之。

但喜欢一个茶其实是一件非常主观的事情。口口声声“我喜欢……”的喝茶者似白撞[①]多点，三不识七就誓神劈愿喜欢这喜欢那，好打有限[②]。他们的“我喜欢……”有时是入会宣言，孤身上路怕黑怕鬼唯埋堆各个私房茶主，别人喜欢什么他连忙应和。

①白撞：浑水摸鱼。
②好打有限：指一人无知、肤浅，不必理他之意。

茶壶与茶杯大小要相衬，否则多余茶汤积在壶内将使下一道茶变得过浓。（Lee Seesy摄）

找一些出水顺畅的壶具与茶海，免得滴水满桌。（Lee Seesy摄）

"我喜欢……"有时也是借故推辞，敬谢不买的借口，"我还是喜欢A茶"，那是因为B茶虽好，但价格不合意。而且，往往，邪得很，他们喜欢的茶，定属已经断货了的那种，故别旨意交易能成功。这句话又像一枚免死金牌，所向无敌，假使有人切切地与阁下吐露心事"我喜欢Z茶"，饶了他吧，别跟他再追究有关其他茶的品味、专业、品质、价值诸如此类他不喜欢的劳什子。不管茶的好坏，认为"喜欢"是没有对和错之分的，只喝自己爱喝的茶的人，尽管继续维护这种人身自由。

那么，我们愿意选择好茶，懂得如何冲泡好一壶好茶，用心好好地喝一口好茶的终极秘密，最好也没有人来过问吧。

好茶，是我不吃任何食物之前的早餐，五年八年老的砖茶、饼茶，或十多年老的港仓散普洱，又或六十年老的六堡，不热也不凉时一口气喝个饱，统统都是关照我的肠胃大将军，严禁隔夜食物留宿，早晨就颁发离境证。

好茶，是我或劳作或喝茶喝了一天，返归临睡前需喝上几口

准备一些适合茶少水多泡法的茶叶，可浸泡着来喝。（Lee Seesy摄）

的好东西。它可以是二十年老的佛手，也可以是多年前的凤凰单丛、伯爵红茶，将之泡得淡淡然有股清甜味，喝来暖和又松弛，马上呵欠连连泪眼汪汪，眼耳口鼻手手脚脚无条件地卸除武装戒备，飘然安眠。

老好茶，我只要吸一口，我就老神在在，万事有商量；三两口下肚，我就能感觉有一股茶气，缓慢地缓慢地上升至头顶，恍惚有打开第三只眼的能量，叫人心水清；茶气接着下传至十个手指头与十个脚趾头，脚板逐渐温热起来了，脸庞也开始烫了，心肝脾肺肾感觉十分滋润舒坦；再多吸两口，毫无意外地，我就元神归位，处处无茶处处茶了。

感受味道还需历练

不管青红皂白，无论谁在泡，如何泡，每样茶喝起来都没啥分别，无论浓或淡也只得个“苦”字，这么叫人扫兴、这么单纯、未经世面的舌头，请它喝茶是浪费。甜酸苦辣尝不透，好坏高低辨不清，仍是一片天地开辟以前阴阳未分的混沌状态，天可怜见，别让这些人去拜师学喝红酒、吃芝士、鱼子酱或鹅肝酱，当然，还有喝茶，可避免则避免，不然师生常发生口角，彼此皆需承担折寿少至五年、多至八年的风险，没必要。

另一些有心开拓味觉美学的喝茶新鲜人，他们的舌头像一片处女地，爱怎么收获就怎么栽种，只要略为灌水除草，自然而然不费劲修成正果。起初他们往往为高香气的茶动容，清新芬芳艳丽美妙的乌龙茶，嗅过一次永远上瘾。曾经沧海难为水，享受过如此只应天上有的清香，其他香气实在很难再以身相许。他们誓忠独沽一味，离开乌龙茶花香果味这个基调，再有本事的新鲜人，也喝不出什么是什么了。

交给时间吧，有一天当新鲜人把舌上功夫练得有点长进，便会悠然登上“喜新厌旧”的宝座，清纯而充满灵气的绿茶旋即自动坐正，乌龙茶暂且退下，跪安于冷宫等待下次幸宠吧。这个阶段，乌龙茶显得太甜腻太讨好，失去挑战力，故自然风格、似有若无的绿茶香味恰逢其时钻入新鲜人心中占一席之地。

喝来喝去，总是兜兜转转在所谓自然“原味、本味”上，比如给他们正山小种喝，他们会跳起来。那么吃饭时，就千万不能给他们吃臭豆腐、皮蛋、腐乳之类，味道太错综复杂，弱小舌头措手不及，理所当然会“呸”，这就是永远可爱的所谓自然“原味、本味”中坚分子。

“喝茶看个人口味”的中流砥柱是茶江湖各个身怀特异功能的大师们，大师们有所癖有所不癖，碰上一个有癖好的人，如果你欣赏，你可以说他天才横溢。大师们严声厉色选壶择水当然不在话下，明末清初或清末民初的壶相差何止千万里，自己深入野林瀑布取泉水和去超市买瓶装矿泉水肯定属于不同境界，故大师们往往狗咬狗骨，谁也看不起谁。大师们一致把茉莉花茶、袋泡红茶之类打进死囚，这大概是公认的。乌龙茶？提也甭提，太单纯。要是喝绿茶呢，他说：“你也配喝茶？”请别起任何念头想要拷贝他的模式来喝你的茶，不然你就成为江湖传闻中的“偷师”了。要是你的香味频率老与大师格格不入，尽管说一声“发神经”，然后拂袖离去。

有些大师日渐走火入魔。我们有个迷惑憋在心中许久，问出来或许有点唐突：大师们的舌头最近是否生青苔了，导致味觉迟钝？要不然使用一个150毫升大小的盖杯，投茶量至于下到20克吗？并在三巡过后开始嚷嚷“没味了”，大师们是否该留意一下舌头的卫生与健康的基本步骤，早睡早起，少肉少油，刷牙时有必要时使用舌刷，诸如此类，以维持一条舌头的敬业与尊严。

我是这样喝茶

农历新年回甘榜[1]，我妹说年纪越长越喜欢喝茶了，想要参考我天天到底喝什么茶，怎样喝。哦，既然是亲生姐妹，无关乎江湖恩怨，我也不怕失礼，决定坦白从宽，将日常一天的习惯一一倾囊告知。

妹子，我的日常一天是这样开始的。

早晨起来，我用一个购自曼谷的浅草绿色玻璃杯，约300毫升大，盛七分满的茶，分几口缓缓喝下去，才出发去练瑜伽。茶是陈化十年的黑沱茶，市价不清楚，每晚睡觉之前必冲饮，然后留下少许于早晨暖胃通便。黑沱茶一颗约5克重，放进一只黑砂壶，约2000毫升大，市值四百八十大元，名曰“寿星”，也叫“黑金刚”，冲半壶即好，浸润着慢慢喝，滋味甜醇。

上班到公司，我的早餐是一壶名曰“玉洱”的普洱茶，1994年的散茶，只剩下半缸子了，静静躺在一只炉钧釉的清末水缸中，无价。拿一只清水泥、鸽嘴水平壶，约1000毫升大，市值三百二十

①甘榜：泛指马来西亚小市镇或自己生长的地方。

大元，用拇指、食指及中指轻轻抓一小撮“玉洱”扔进壶内，加热水开始浸泡，至喜欢的香味出现就可以喝了，这是每一天指定的招魂仪式，没有这杯茶，我做鬼都不灵。有时添食，我会吸两口用“白鸡冠”碎末泡出的浓茶。

午餐时间，我会预备两只本山绿泥壶，市值一千大元一只，大约1000毫升，一只当壶泡茶用，另一只当茶海纳汤用，冲泡“老从水仙”。这是去年陈茶，将茶叶铺平壶底的投茶量足矣，那大约是12克，1克1元钱。好喝的秘诀是陈茶、量少、水温是滚开后熄火稍息才开始冲泡、浸泡时间需相当的长。喝过后，永远难忘那甜甜果香岩韵青苔味。这时如果感觉有点饿，或许可吃一碗潮州鱼丸粉。

有时人在江湖、随波逐流到饺子大王店用午餐，我会点壶茉莉花茶，东北人的营生，还是花茶最鲜，其他茶不提也罢。如果到楼上海鲜餐厅，我会自行拼配“生熟普洱”带过去，配方无定向，要看心情，用勐海熟茶做基调是颇讨人欢心的口感，提味我则用2004年的易武正山晒青毛茶。

好不容易盼到下午茶时间，我会天天换着花样冲泡各式各样的红茶：自己到山里头买的正山小种、吴老师送的宜兴红茶、祁门红茶、金马仑红茶。清饮红茶，前提条件只有一个：必须淡。用一只盖碗，宫廷宽边款，出汤快不易变涩，喝时用景德镇制米通杯。有时，我会喝台湾白毫乌龙茶，这是央人给寄过来的，得留心省着点。

如果不小心误交狐朋狗友去暴饮暴食，晚饭时，我总随手带上自己的茶：六堡、水仙、肉桂、蜜兰香诸如此类，香味有活力又富清爽感觉，饭店所提供的茶叶我们已不喝久矣，不敢也不想。往往，去到任何一家饭店，我们都会宾至如归般拿着自备茶叶到茶水间自动泡将起来，有位朋友当我们的御用茶童，她已经无数次被人当作是店伙计，召唤她提供加热水服务，而我们施施然、懒洋洋地摇着腿，瞬间茶就到了。

自备茶叶出门

在外面食肆用餐的时候，尝试带着自己心头爱的茶叶一起吧，那是一件极小但感觉绝对奢侈的事情。所指食肆，属中餐多，诸如任何住宅寓所附近的大炒[①]与福建炒[②]，幽径密道的打边炉[③]，鼎鼎大名的肉骨茶，或河鲜或海鲜；或茶楼或酒楼，抑或五星级酒店属下大饭店，凡有提供冲茶服务此等勾当的，我们都应该携带自己的茶，冲泡自己的餐茶。不是因为健康，而是因为生活态度。

曾经我们在大街小巷食肆可以喝到的，无可置疑地是普洱是六堡，货真价实的粗茶，清淡甜和，解渴暖胃。香片也鲜美，呷了几口后发觉喉底带苦意，反而惊喜。还有铁观音，滋味回甘，消腻。今年由于在茶叶的市场价格势如破竹般节节高升影响下，有关在食肆能喝上一口对味茶这种故事，已经渐行渐远渐无音了。

①大炒：做饭菜、炒面食的大排档。
②福建炒：面食的一种，用大量黑酱油、猪油渣煮炒。
③打边炉：吃火锅。

左：茶叶与水的比例是多少，首先要知道茶叶的松紧程度。（Lee Seesy摄）
中：选用瓷器冲泡轻焙火乌龙，有助于发挥清香风格。（Lee Seesy摄）
右：有二层盖子的茶罐较具密封效果。（Lee Seesy摄）

很难怪到食肆头上，毕竟也算是尾端消费者，抬价始作俑者可在产茶源头呢。大多食肆采用基本冲茶方法付费，一个人头或约八十仙至一零吉吧，仍坚持提供来回无限制添加热水服务，单是那脚程都值回票价了。

也许我们不能主宰茶江湖风云变色，亦没办法力挽狂潮——一些茶的滋味兵败如山倒，色香味仿佛被阉割般，都失去本来面貌、原来性格。但我们总有一些秘密管道能找到几种喜欢喝的好茶，如良药收在家里十字箱看门口，外膳就带些傍身。只有用带感情的手法做出来的茶，美味的好茶，才值得我们花时间、全心全意去慢慢品尝。

带茶叶外膳这件小事，是真的小，坐满一围台，顶多十人，吃个晚饭约两个小时，如此良辰美景，也不过只需十来克茶叶就能绰绰有余喝得心满意足。这十来克茶叶，少得足以让许多人忘记它。有一天，与几位朋友相约去香格里拉酒店附属中餐厅吃点心，忘记自备茶。喝他们的，那茶，是比白开水还要难喝的九流茶，淡而乏味，令人感觉毛躁。不料五六巡过后，服务生自动自发拿去开泡一壶新茶来，还是同样难喝，但基于服务精神是一流的，打算给他们一点善意的批评的举动也就按捺住了。但喝一壶没有茶价值的茶来开始一天的生活，无疑是在浪费生命。

有人建议在车上留着罐茶叶，北上南下，什么时候爱喝什么时候喝，何难之有？发此豪言者多属茶道新人王，茶叶收在车内，等于将死穴曝露于赤道上著名的毒辣阳光和南中国海的潮风中，不需24小时即可宣告质变。茶叶还是应随身携带。

随手泡杯好喝茶

一般家庭聚会最熟悉的有两种冲茶方法：一是小壶冲泡，以三四百毫升以下的砂壶及25毫升大小的小瓷杯为主要品饮用具。二是大壶冲泡，一把800～1000毫升大的壶，配几个70毫升大的无耳瓷杯，或索性用环把咖啡杯，每人一支。显然，小壶冲泡不合时宜，因小壶泡法要求较专注的品赏，比如我们请家里的小孩出列弹钢琴，那你就得停下用心来听。这种时候大家聊天聊得都不愿停下来吧。

大壶冲泡的浸泡时间需等甚久，大家就是头痛这个，太慢了，茶浸好时也就是客人要告辞时，况且因平常缺少操作，掌控往往失准，冲出的茶不是过浓就过淡，都没人喜欢喝。居家用茶最常发生的情况，莫如很多客人串门子，只坐一下就离开，很想招待他们用茶而又不懂该从何泡起。

这种来也匆匆去也匆匆的蜻蜓点水拜访，建议喝茶方式有三：

一、冷泡法，这是需预先准备好的茶饮。简单得不过是随手取来瓶装矿泉水，将喜爱之茶叶如铁观音、龙井、冻顶或白毫乌龙摄取少许置入浸泡，收进冰柜约六小时后即可喝。假如有收集漂亮玻璃瓶的习惯，此时应取来冷泡茶，喝时顺便观赏茶叶在清澈透明的水中飞舞。冷泡茶是种相当简洁的冲饮法，它冲泡方便，投茶量少，矿泉水一瓶约500毫升，只需投3克茶叶便非常好喝。多少是3克？伸出你的拇指、食指与中指轻轻抓一撮，那就是了。它省时省功夫，还可将茶的芽叶一起吃下肚。

二、也许很多人爱喝热茶，那就用浓缩泡法，预先将茶泡至双倍的浓度，茶渣弃掉，茶汤收进壶内，放至常温备用。客人来时，倒半杯浓茶，另外半杯调以高温的开水，稀释茶味至适合味道，以及将茶提温至适口的热度。两分钟内保管客人可喝到一杯可口的茶，而且家里任何一人都帮得上忙，不必专人管理。

三、优雅一点高级一点，当然，同时不费吹灰之力马上有茶喝的方法：找十个八个青花盖碗出来侍候，客人抵达时，施施然放几片龙井或碧螺春，注入温水，每人一碗，摸着碗底叹息时间哀悼青春歌咏生活，快乐就是那一霎。

上左：制作冷泡茶：拿一个漂亮的玻璃瓶，放入两个茶包，再倒矿泉水入瓶浸泡着收进冰箱，第二天，将玻璃瓶拿出，把茶倒入杯子就可喝。

上右：调饮：把一串小葡萄抛入玻璃杯，再加进冷泡茶浸润一会，喝茶时一起将小葡萄细细咀嚼，茶与葡萄混合得满嘴生香，滋味清甜。

下左：调饮：将苹果切成粒粒，和茶包一起放入热水，煮滚了就可倒进茶杯，慢慢享用。

下右：调饮：把茶包置进有柄茶杯，放些热水入杯，顺手取几颗桂圆、红枣洗干净，投入茶汤里，用一只小瓷碟盖着焖泡，过一会儿就可以喝。

热茶灌溉良辰

有段日子我和三位女子同赴一个风雨不改的死约，周末中午落脚在一家板面[1]店喝茶。久而久之仿如生活中神圣的仪式，到了那天，所有的人与事皆需让路给我们，如卖了广告那样街知巷闻，同事帮我们安排工作，也会自动跳过这个时段。

据说这家人的板面，二十年前是围拢在一棵大树头下煮的，得大树头的庇荫有如神助，渐入佳境。女子A带我去的时候，他们已登陆店铺，约莫提供几款面食，我们直奔板面；饮料么，有两个选择，自己过去冰箱拿罐装汽水，或坐着等一位女工派凉茶，竹蔗呀罗汉果呀北紫草呀，天天只一款，不由分说均一律加冰块，只贪图个快字。老夫妇俩及两儿全副心计放在煮面上。

虽然既不对胃也不对味，我大方顺从民意入乡随俗喝凉茶，直至发现两老在淥面[2]煮面忙里偷闲的当儿，手持着喝的居然是

①板面：一种手工面条，用热水煮熟后以辣椒油拌面吃。

②淥面：粤语，把面条放入一锅热水，马上用网状杓子将之捞取上来，使水滴滤干，谓之“淥面”。

外出用膳的茶具。

茶，二话不说我就找到了下次能够自己带茶来泡的理由。

初时很低调，胡乱抓一把袋泡茶包就出门，有试探行情虚实之意味，仍担心对方嫌麻烦拒绝我们泡茶。怎料女子A于第一时间向两老进贡几枚宝贝茶包后，立马获取茶同志身份的认同，她向我眨眨眼便径自走进茶水间料理茶杯、热水诸事。那个中午，酷级辣椒板面终于等到热茶灌溉，无论消油解腻，或舒缓辣的刺激，或助身体降暑气，都得到空前的大大的满足。

从那次开始，辣椒板面与何种茶会合是绝配，成为我和女子A手痒之作，心血来潮便去露两手。自袋泡绿茶喝起，然后实验过无数的茶：铁观音、普洱、六堡、老丛水仙、单丛、红茶……喝到老丛水仙的时候，女子B和女子C闻风而至，我们因此晋级为死约拥趸。

两老知道我们喜欢坐在门口乘凉，到时候就会保留一个空位——一张桌子不让别人用。当女子A、B、C夹手夹脚[①]做些粗重工夫如打开桌子、搬椅子等，我只需维持一种悠闲的姿势提着

①夹手夹脚：大家分工合作。

我们的茶器皿旁边站着凉快，侍候茶器安全的人往往像太婆一般，也被人侍候。这是死约的红茶时代，散发麦芽糖香、荔枝果香、桂圆干香、黑枣香、烟香的红茶，清甜无比，汤色极尽艳丽，震慑板面店所有莽撞的灵魂，尤得老板娘欢心。无论正山小种、祁门红、宜兴红、滇红、大吉岭、伯爵，说得出说不出名字的我都想法子找来，统统喝了。

三女子约定俗成，由女子A充当泡茶童，茶泡好后把两老当祖宗奉拜，第一、二杯务必先让他们享用，以便获取一张通行无阻任拿唔嬲[1]猪油渣的签证。因为，猪油渣拌辣椒板面，是饮喝红茶最为锦上添花的秘诀。

我不费吹灰之力坐享其成，意思意思带把黑寿星壶及四个和合二仙品饮杯出城散散步，饱嚼一顿之余兼得三女子高度礼待。

唉，怎么这般叫人感动的良辰美景终究也成为了过去？

①唔嬲：粤语，“唔”意思是“不”，“嬲”意思是“生气”，此指：随便你要吃多少，我都不会不高兴。

他们问：茶呢茶呢

为了用膳时能侍候食者好好地喝口靓茶，我可是心甘情愿做牛做马。临急就章出没无常地打游击战时，食者们往往漂漂亮亮立马走人出发，我就会忙着要在现场找个小小茶罐子，或半小张干净无味的纸张以便置茶叶带出街。

偶尔食者中会出现一两位失惊无神地嚷嚷："茶呢，茶呢，茶带上了吗？"我便高高举起手向这些担惊受怕的灵魂做出一个承诺的手势，给予安慰。应付这种因时制宜的祭祀五脏庙的茶事，需配合一套快而准的方法。

什么环境吃，吃什么？决定了要用哪类茶叶。比如闹哄哄的场面，嗅觉会自动自发离家出走，无必要用飘逸且灵气的清香茶，那等于暴殄天物。比如吃酸喝辣当日，别再冲泡死苦生涩的茶叶，这么刺激，肝肝胃胃们将遭大劫。

事先预计店家提供的热水温度有多高，多少人喝？要喝多浓多淡？要喝多少泡？这些决定了所需茶叶的份量。茶叶量预备得精确无疑，是喝茶生活化繁为简的不二法门，也是俭约环保情怀发挥得最干净利落的境界。茶叶量拿得刚刚好，潇潇洒洒一手交给服务员，说声“自备茶”，服务员自会潇洒完成工作，减去多少解释，省略多少会发生语言冲突的机会，又添增多少时间来谈笑风生。

把茶叶统统置于壶后，服务员会将小小包装纸顺手扔进垃圾桶，如果是小茶罐则交还茶主，茶主随意收进哪个口袋，预备循环再用，下次填满另一种茶叶又是另一番风景，毫无牵挂。

剩余一丁点茶叶最是灾难，扔掉不是，冲饮不够，逐渐叫人遗忘、遗失。过多的茶叶即使没有被随便用掉，但由于曝露空气中会沾染潮气，再加上我们取拿触摸时所沾染的手气，其实已不耐藏。

将错就错把多的也一股脑儿用完，则茶汤过浓，恐怕餐桌上的喝茶粉丝会集体反胃，从此杯葛[1]喝茶。我们的食肆上菜时间一般足以让我们喝个三四杯，此时此刻，最宜饮喝清淡微甜的茶来松弛一下，我们的身心才会受落。

手上拥有些许材料各异、大小通吃、款式不一的小茶罐，故往

①杯葛：指抵制。

往利用周休时间填满茶叶，放一两个进随身带的挽袋，出街吃饭需亲自张罗一壶茶这种生活方式，慢慢地周边人居然也习惯了。

比较龟毛[①]的是，有时我会一并连壶呀杯呀也不知死活要带上，所以家里的手挽藤篮、包壶棉巾一堆，随时准备执包袱逃难似的。安排这样的一个大逃亡，我需在前一晚确认并打点细软，确认——聆听壶的心声，了解他们到底谁想下山，谁不想下山？与他们君子协定，这是一场凶险的江湖恶斗，谁回来时没有头崩额裂谁该喝好茶。

①龟毛，台湾方言，意思是指一个人因非常无聊或非常认真、非常有趣而做出一些异于常人、导致周围的人都相当抓狂的行为。

苦笋及茗可径来

刚和一位成都茶友吃饭，很自然地就问她，有吃过苦笋吗？自从你说过苦笋的典故给我听，我就觉得我对苦笋有一种特别的情感，那是你喜欢的东西，我就也喜欢。我就希望能够找出来，与你一起吃。故但凡见到山里来的人，我就会问人家有没有见过苦笋，我甚至还打听清楚了该怎样煮？好像马上要煮的样子。

这成都人见我问起，特别高兴，她说很少人懂得欣赏苦笋，苦笋外表是黑色的，但滋味特别好，特别苦。我就想，与我们的茶一样，好茶都苦。她说：四川的苦笋只能从峨眉山找到，因为泥土的关系，影响苦笋的生长，它就只能长在那里。泥土之重要，一如我们的种茶。苦笋肉色白净，看着就觉清脆，隐隐透香，可切片炒猪肉，最家常的山野味，咀嚼后就觉得有一股“苦劲”的余味涌起；也可以加辣椒、腊肉等拌炒，油水充足，口感有层次，下饭最好；也可与酸菜或盐菜、猪肉一起煮汤，很好吃。猪肉需预先腌着入味，裹了一层薄薄的淀粉的肉片，吃时入口才滑。

我非常用心记住，总觉得有一天我会煮给你吃。苦笋最好不吃干的、也不做罐头，绝对要吃新鲜的。家里种有苦笋的人，到后山采集去。如果没有，都叫人采了直接送到家里，还有鲜叶与泥土挂在它身上的，那才算新鲜。为什么只能吃鲜的呢，也许因为它最鲜时才表现得最苦，故获取了人心。

喜欢吃会吃苦笋的人，都会觉得最苦最苦的苦笋到最后一概会冒出一点甜味。我想：与我们吃茶一样，好茶都苦中带甜。封藏了的苦会变味，不能算苦。喜欢吃苦味的人，都喜欢它的原苦。最怕有人在烹煮过程中说要先去掉苦味，真要这样，倒不如吃别的。山村里认为错的、城市人或年轻一辈习惯的去苦烹调方式是这样的：鲜笋弄回来之后，必须撕成丝状（切成片状也行），先用开水上上下下烫熟，再以干净清水浸泡一天一夜，之后方才用来煮汤做菜。

我问清楚了，苦笋的生长期在五月。见我失望，那成都人便说四月尾也可能长了。她见我殷殷讨教，马上就要叫她哥哥快递给我。我也问好了，苦笋属于食物类，快递是否接受处理？怎样包装来寄？费用标准如何？因为我准备收到后，马上把它寄给你。然后我又犹豫也许我该留下它们来试烹煮，直至煮到好吃，再给你送过去。我多希望能在你身边，亲手为你做，与你一起慢慢吃，我知道你会预先泡好一些茶，给我们吃饭时饮用，我会坐在你对面望着你笑，你会忍不住称赞我：味道很好，你是煮笋天才。

为什么说起苦笋？你说上海博物馆藏了一张怀素的《苦笋帖》，寥寥十四个字：苦笋及茗异常佳，乃可径来，怀素上。那种向人要茶的坦然境界，令我无限向往。你什么时候会带我去看这张《苦笋帖》？

苦笋其他名称有甘笋或凉笋，是一种野生竹种，长在重重山林之中的品质最好，纯粹由阳光、空气、雨露、泥土滋养长出的，生长过程中没有害虫，完全不需要化肥与农药，吃时初入口带苦味，然后苦气会渐渐转化，只觉舌上有种清凉气，生出细细香甜味来。怀素帖上之“茗”字又是什么意思？有两种解释，一是早采的茶叫“茶”，晚采的茶则叫“茗”；另一是茶的通称，故有“品茗”、“香茗”等词。“茗”字如果单独使用就是“茶”的同义词，倘若“茗”与“茶”并列进行词义比较，即是采摘前后顺序之别，茶在先，茗在后。

泡茶喝茶要懂茶。

苦笋与茶相通之处，用现代说法，即苦味食品多含氨基酸、维生素、生物碱、苦味质等内含物，具有提神醒脑、消除疲劳、健胃消积、平心静气等作用；所以学禅学佛人士往往养成吃苦茶的饮食习惯，因为大部分时间他们需要宁神养气打坐做功课。

怀素既然从小就出家做了和尚，生活中自然离不了茶。怀素要茶要得非常直接了当，可以这么直接了当，首先他当然必须先成为专家，才具备从许多好茶臭茶中，马上看出或喝出哪个是好东西的绝技。怀素要茶也要得非常理所当然：是好东西，直接寄来吧。

有些人天生就有这种特异才华，会让人家心软得不行，家里收着守着什么私房茶，一律统统心甘情愿献上给他，任凭处置吧。渐渐的，天下茶皆成为此类天才的囊中物。然后他必然也是位头号爱茶粉丝，才会有那些个茶主等着要寄茶给他。你知道，拥有好茶的人，千求万求就是能碰上一位懂茶惜茶的人，慢慢把那一手好茶品出滋味，品出道理来，惺惺相惜之情谊才会油然而生。牛嚼牡丹者岂能得茶主青睐有加？

此帖分明是封回信，也许是他的一位挚爱友辈照料他日常用茶，故连抬头署名亦可省略，可能有人曾进贡他样本供品试饮，或托人问过他意见，于是有一天，怀素吃茶后，怀着心满意足的激情，写下这十四个字。如果由我写，我该会无赖地加多一行字：多多都要，多多都不够。那收信的人一定是你，只有你，才不会觉得我无聊。

古代文人喝茶，互相要茶与赠茶的事，可从他们的帖，或短或长的诗中读出一些味道来。他们也许远在天边，也许被贬他州，也许默默寒窗苦读，都带些微孤芳自赏的情怀，并且，我想，他们该也长着一副孤寂的脸容，然而非常幸运，他们获得某些人的宠爱，惦记着他们，手上有什么好茶，必先寄给他们尝。

除了怀素——他的《苦笋帖》已足以让他在要茶集团里稳坐主席位，此集团其他重要成员还包括李白。他寄居栖霞寺时，宗侄李英是玉泉寺的和尚，每年清明节前后，李英就会在玉泉寺旁“乳泉洞”外采摘自种的鲜叶制成茶。每每李英去拜会族叔李白，请教一些有关诗稿的问题时，他亲手做的茶，就成为了必不可少的手信，是变相的学费。但李白是李白，看到枝枝相连接的绿叶，曝晒成状如掌的叶片，遂为之命名“仙人掌茶”（仙人的手掌），并为之留下诗篇。此茶得大诗人加冕，一向教人印象深刻，制法虽早已失传，但依然不时听到人们在努力恢复它的工艺的传言。

要茶集团延伸至宋代，成员中不乏鼎鼎大名之辈如欧阳修、苏轼、蔡襄等，其中苏轼，不但有人寄茶给他，他也寄茶给人，大文人有首《新茶送签判程朝奉以馈其母，有诗相赠，次韵答之》，非常有趣味，文里有句“从此升堂是兄弟”，请恕我多心坐在家里乱写，你看，他细心周到，人家母亲喜欢喝茶他知道；他难能可贵，自己最爱的火前茶（即明前茶）也舍得送出去；他也不是省油的灯，对方茶既收了，表示贿赂已成，以后便可称兄道弟，堂上相见当然也网开一面。

苏轼喜欢火前茶，已经再三发表过爱的宣言。说一说这火前茶。火前，即清明前一日，依惯例须禁火，不能起火烧饭，只能吃寒食，故又叫寒食节，家家户户只能待清明日才再起火。因此寒食前即为“火前”，寒食后即为“火后”，寒食前所采制的茶即为“火前茶”（明前茶），据说芽头最肥美，老百姓都必须采摘这时候的鲜叶做成茶，进贡给皇帝。皇帝心情大好时，会将一些贡茶赐给臣下。君要臣死臣不敢不死的年代，卑微的臣子承蒙皇帝赐茶，体面地又将贡茶转送来转送去，终于贡茶落入要茶集团手上，偏这帮人吃饱喝醉后特别多愁善感，致使我们拥有许多精彩文献可读。

现今茶界也有许多要茶的，不分青红皂白，垂涎着脸到处向人说：免费茶最好喝。在人家茶桌上指手画脚这个茶那个茶，道听途说这样泡那样泡。而曾经的要茶集团有的是旷世奇才怀素、才华横溢的李白……他们是最有力的辨茶专家，他们关于茶的任何一句话，随时牵动整个茶文化历史脉络，影响后世所有茶人的观念，为我们创造许多美丽的境界。

枯叶的茶味

近两日喝白牡丹及寿眉，有人听说牡丹，以为我在吃花，这等俗人只活该沉沦于柴米油盐酱醋中，永不超生。白牡丹及寿眉，都是白茶。有人听说白茶，直接反应：”为什么不是白的？”白茶中也只有白毫银针通体泛白，茸毛尽显，极为晶莹可爱。

十多年前在怡保的老茶馆，第一次喝白毫银针，白毫已变成金毫，我喝着，只觉酸味微微潜伏于舌面，腹内一阵小涟漪，奇怪这么贵的茶这么难喝。他们说，就是因为价格叫人咂舌，以致最后剩下少许，久久不舍得取出品饮，藏着藏着，没料到茶叶竟变了质。

幸亏是我，一入茶门深似海，赖死不走，终于逮着机会喝上几口顶级白毫银针，清鲜无比，一扫过往的坏印象。你说若遇上一位精明的消费者，不高兴立刻掉头而去，永远免费帮忙宣传：“白毫银针难喝死了。”白毫银针沉冤得雪的日子岂不遥遥无期？故很多时候，当听见有人鄙夷地点评某茶某茶不好喝，我会淡淡然回答他：“哦，那是因为你还未曾喝过好的。”

没有“不好喝”的茶，只有“做不好”的茶。“做不好”的原因

2013年白毫银针。

浸泡中，2013年白毫银针。

非常多，发酵过度、杀青未足、萎凋时气候阴晴不定、原料掺杂、需求量太高、和老婆吵架后心情欠佳、错误的收藏法等，都可以成为千年道行一朝丧的死穴。“做得好”就只有“做得好”一个原因罢了。一个茶好不好喝，与制茶功夫有关，与茶的分类无多大关系，如果阁下对踢馆这种嗜好想要精益求精，以后别再说“某茶某茶不好喝”，应改口为“这一手茶不好喝”才是。

即使曾经喝过那么好喝的白毫银针，但白毫银针却仍然未能成为我心头爱的那杯茶。白茶中最喜欢喝的是白牡丹及寿眉，在香港邂逅二茶，那时本地茶店几乎不见此二茶行踪。在香港落脚，与友人上茶楼大啖点心，大口喝茶。茶叫的是寿眉，清甜润口，消油解渴，喝了还想喝，非常舒服。从这里开始一步一步走进白茶天地。白茶中以白毫银针艳压群芳坐镇一姐位子，然后依序是白牡丹、寿眉。它们的采制手法基本相同，鲜嫩茶芽采回后，均匀薄摊在一种竹做的大水筛上，绝不能重叠；摊好后必须放在通风良好的室内进行萎凋，使之失水，再用焙笼文火慢焙至干燥就得了。

白茶茶叶看起来自然得像枯萎的叶子，浪漫的人说像花朵。

2009年寿眉。

我初喝时也感觉像在喝枯叶的味道，后来逐渐喝出门道，每年买些当季茶收进瓷罐，刚够明后年的饮用量即好，年年开封前年茶罐泡陈茶，神仙也来羡慕我这茶民。

为啥要奉茶

京城我们有家门市店，训练店员“客来奉茶”这个指定动作，比登天还难。“客来奉茶”的流程本该如此：每朝报到后，用砂壶泡茶，趁热让它盛进保温瓶，置于迎客处，以便客人进门之际，能迅速奉上一杯解渴，或打招呼什么的，也许不为啥，就纯粹像那支儿歌：“客人来，看爸爸，爸爸不在家，我请客人先坐下，再敬一杯茶。”

客至敬茶，是东方人与生俱来的人格魅力，没有任何矫情，不图丁点目的，像孩子般单纯地奉茶，最是叫人心动。茶艺美眉根本从头至尾未认同奉茶的需要，当然也无法从心而发完成这美丽的符号。

她们待客的肢体语言异常地慢悠悠，清清楚楚三位客人走进来了，倒茶的美眉依然会发出问讯给同伴：总共几位？仿如她是瞎子。奉茶托盘就在眼前随手可即的位置，倒茶的美眉也必得给同伴发号施令：把那盘端过来。原本一人在一分钟内能舒服完成的任务，她们需动用三人，每人至少蘑菇五分钟。末了茶也敬不成了，她们比谁都理直气壮：谁让他走得这么快，关我啥事呀？

奉茶讲究诚意，而不能当作例行公事。

她们的解释词可从马连道上一直排列至紫禁城，我只觉得晕，不愿听。几乎每个美眉都认为别扭，说那位是同行业者，只不过来咱家打听行情，干嘛要奉茶给他呀？傻呀。又说这位未曾向咱家买茶呢，何必奉茶给他呀？还有害怕被拒绝或曾经遭受过拒绝的说，我给他奉茶，他都不尊重我，我干嘛要给他奉呀？

茶礼，我们就这样把你丢失了，浮躁如此，尽在嘴皮子上玩弄机心，大家来势汹汹都很不耐烦的样子，似乎都忘记了为路过的人提供一杯茶、歇息片刻的日子了，那是因为场地租金太高？人浮于事？只需小撮茶叶，少许时间，千丝万缕的人情香都在里头了。

寿司店提供绿茶的方法

于蕉赖①一家商场寿司店果腹，浏览全场，人手皆一杯绿茶在握，其实店里也提供其他冷饮、甜饮，食客却不约而同选择绿茶，并乐此不疲使之成为指定动作，那是如何营造出来的一种情怀？

最可尊敬当是店家的坚持，自来日人习惯在吃寿司时配绿茶，即使喜爱摸酒杯底的酒潭状元，到时候也会甘心情愿委身于绿茶。原因之一，清爽的鱼肉饭团衬托清爽的绿茶，口感真是天造地设，微微的鱼腥味加少少的脂肪香，与茶香溶为一体，令人食量超额也未知觉。若是黑茶难免嫌泥味太重、红茶嫌收敛性太烈、青茶嫌涩味太强，木门岂可配竹门，统统被淘汰出局。

二来也是因为日人自来相信绿茶有预防食物中毒的功效，并且可消除口臭，让口腔保持清新口气，所以绿茶在寿司部落就义不容辞担任起提味、养生及礼仪三军总司令的次序大使，与一般人声明的“喜欢”、“方便”略有出入。吃寿司时喝的绿茶，许多人不管它从哪个地方生产，一律管它叫日本绿茶。它是将刚采摘下

①蕉赖：马来西亚地名。

来的鲜叶，以高温蒸的方式阻止茶叶氧化的不发酵茶，被称为蒸青绿茶。

蒸青绿茶上等极品唯独玉露；经过石磨研磨成粉末状的，便是使用在日本茶道的抹茶；其余或解渴或佐餐的蒸青绿茶，简单说来有煎茶、深蒸煎茶、粉茶、茎茶、玄米茶、烘焙茶及京番茶等，能在寿司店撑起半边天的，粉茶是也。粉茶，采选自玉露煎茶制作过程中留下来的细碎叶片，价格相对便宜，但优良品质仍然存留，冲泡出来的茶汤仍让人感受到浓厚香味。

由于粉茶含有许多叶片粉末，冲泡时需慢工出细活——准备一些滤茶器，它可以是以前妈妈们都至少拥有一把的竹制过滤器，可以是现代风格的铝质的过滤器，也可以就是一个纱布袋，粉茶置入滤茶器，一手执着放壶口上，另一手取热水倒进滤茶器，茶汤于是直接注入壶内，这样完全不经浸泡的方式，才是冲泡蒸青绿茶之灵魂所在，否则前功尽废，只落得一个满口苦不堪言，血糖马上降低、晕倒有份的境地。

另一个可使粉茶更上层楼的方法，需大胆放弃向来冲泡绿茶的黄金规则，即运用低温热水。低温热水冲泡粉茶固然味道会较甜美，但针对吃寿司而言，中高温热水冲泡粉茶所洋溢的浓香及味道的清爽，才堪以大战口臭、鱼腥气味三百回。

有没有发觉，寿司店这杯无限止续杯的绿茶，无论是否采收费制，服务生永远殷切诚恳添茶，声声劝君杯莫停。他们也一律供应冷、热茶两款，该热的永远热，该冷的永远冷。处理热茶八九不离十，大约就是现泡现饮了。冷茶的处理，他们是这样做：将一大壶已冲好的茶汤，直接收藏进冰箱，让其冷却。故倒出来喝的茶，依然充满茶味，而非像一般食肆于杯中加满冰块，再将茶倒入杯，那都变作生水味了，还能喝吗？

酒店下午茶变了样

不知为何就发生了这样的事情，城中酒店对下午茶[①]或午后茶[②]的安排教人颇感突兀，其中几家号称下午茶武林高手，吃茶时间从中午十二时至傍晚六时半不等，皆可入场；另外几家又自封为午后茶正印贵族，从中午十二时半至下午五时半之间，完全没有时间观念，任吃唔嬲。他们把午后茶当作下午茶来推销给大众。事实上，午后茶是劳动阶级或农民吃的晚餐；下午茶则属于上流社会的茶会，原是皇后、贵夫人下午打发时间，坐在小茶几边喝喝茶说说心事的午休时段，因为富有人家的晚餐安排得晚。

今时酒店吃下午茶时本应作为搭配的轻茶食，反客为主成为堆积如山的混搭式熟食，诸如：玉蜀黍青豆粒炒饭、炸鸡块、炒蔬菜、汤粉、咖喱角等等，饮料有椰汁、橙汁、咖啡等等，是的，并无忘记提供茶，一盒原装茶包搁那儿，自己放进杯子加热水就行。

提供茶包一般品味又好些，因为顾客直接与茶包品牌打照

①下午茶：英文名称afternoon tea。
②午后茶：英文名称high tea。

面，酒店也不想砸了自己某星级衔头，挑选的茶包自然也不至于太欺侮顾客。可恶的是有些提供已经泡好的茶汤，用玻璃壶盛着，自便自斟自饮，这种永不见天日的茶叶，往往难喝得不像茶，漱口也嫌坏了味蕾，该玻璃壶原应置放于一块小电板上使茶汤保温，他们也欠奉。

本属婆婆妈妈亲自动手做的温暖牌午后茶，绝对地自家私房味道，如今在城中酒店大费周章打造出来的、空调冷得像地狱的餐厅里虚伪地进行着，他们的餐厅氛围非富则贵，食物却像工厂产品般机械式又无个性地输出，茶事，看一眼即能窥全貌，都交由若干对茶无爱心无认知的人流水作业在做。这样概念黑白不分，食物混合拼凑，味道不咸不淡，不尊重及随便阉割饮食的正统制法与吃法的人，永远也无法得到别人的尊重，故此很少看到将下午茶产品销售得好的酒店。

下午茶的正式时间一般在下午三时至五时，在矮茶几摆设茶食，无任何肉食，只有轻食如司空饼（松饼）、三文治、草莓等。午后茶的饮用时间是在五时后，要吃得饱，有肉食，要在晚餐桌上摆设。

请别说，传统下午茶规矩太僵硬，不适合新生代作风；本地人对茶食的口味也不大适应，你只不过改了一点点罢了；关于时间，你只不过略为增长罢了；关于茶，你只不过改变了冲茶程序。不，不，请勿骑劫下午茶或午后茶，请勿改变下午茶或午后茶的吃法——它使用优质散茶的习惯、它提供滤茶器的细腻、它的茶是热的、它的摆放有固定格式、它搭配的茶食是甜的、它的方式早已成为一种仪式，请你为你的自助餐换一个名称吧。

农历新年的拜神茶与还神茶

母亲给我们家吃团圆饭的时间，与左邻右舍稍微有点格格不入，大约在下午三点多四点吧，毒辣日头正向西倾斜，照进我们家，那是一种就算所有的记忆都模糊了，只剩下唯一清晰的便是这难耐的热。当时两位哥哥皆在酒楼当厨，午休落在下午三点到六点，因而造就我们养成如此的生活习惯。即使酷热，也没有经济条件灌冷冻啤酒，侍候我们的依旧是母亲平常摆放在茶桌上的两大壶茶水。那种壶，至今我还能在茨厂街的杂货店看到，特别有亲切感。如今我们已经不再需要它服务，水龙头拧开就可大口大口喝清水了，想喝茶在保温水壶轻轻一按就有热水流出来现泡现饮了，所以都不再用这种大壶。

要盛满母亲这两大把壶的茶与水，可是需略费周章的。母亲有个烧“木糠”的圆铁炉，先将“木糠”舂紧，然后起火，慢慢把清水烧将起来，煮沸后一壶盛热水，另一壶投入少许茶叶，加热水，就是我们家的茶了。她从来也没有规定到底许不许我们喝，爱喝不喝，自便。茶叶叫什么名？记忆中没有人问过，应该是六堡茶，它最便宜。

我却更喜欢喝母亲在除夕为了祭拜历代祖先与满天神佛而冲泡的拜神茶，更有滋味。应该属于同一个茶，试想她哪里能有这么大手笔另置一茶就为了拜神？就算钱不是问题，或许她还不至于虔诚到如此地步？我猜多半因为拜神茶使用小壶，投茶时份量拿捏失准，就不像平常使用大壶时放得那么少。

母亲去世后接下来那些年的团圆饭，不知如何我兴头就渐渐淡了，蜻蜓点水般在我哥或我姐家观光一下，又仿如花车出游，百姓们难免也列队欢迎一下的，关于那拜神茶，我从此再也没喝过。

初七人日[①]，我记得以前我们是要吃粥的，生鱼粥，而且，生鱼必得是我们新村[②]好几个放年假无事做的男人，去附近废矿湖搜寻亲手捉回来的。回来后不知在谁家厨房杀了，斩开几大件，前后左右几户人家都分得一些，将鱼片成生鱼片备用。

①初七人日：马来西亚农历新年习俗，设案祭拜神明之一种仪式。
②新村：马来西亚政府早期规划的一些华族小市镇。

各家的女人趁男人去捉鱼时，已经开始慢火炖着一大锅白米粥，这时就忙着切姜丝葱花，切毕，起油锅，将一小束米粉（我猜）下落油锅，米粉就会像开花般“蓬蓬蓬”膨胀，马上捞起，它已微微呈黄色，变得香松又脆口，与粥同吃时一部分受潮吸水软了，一部分仍香香脆脆的，造成一股特别的口感。

如果交上好运能再吃到这样一碗粥，我已经想好要用什么茶去衬它。我吃生鱼粥时要喝的茶，名叫凤凰单丛，长在广东潮州市还要北上的凤凰山，美丽的凤凰山，站在它的大太阳底下看茶树，吹过来的风仍是冷的，最老那棵茶树，超过六百年。凤凰高山老茶树，每年只在春季采制一次，稀罕得很。

吃粥原就容易肚满，唏哩呼噜喝下去冒一头汗，捧着个大肚皮，不会再想喝汤或大口大口灌茶，正好靠靠背慢悠悠泡一手工夫茶，放嘴唇边啜啜，让单丛茶细腻而有层次的滋味缓缓从舌尖流至喉头，闭上眼睛吸入从嘴边散发至鼻尖的清高花香，再将喉底一阵似乎还带着高山气息的、绵绵不断的韵味，运送至胃，至全身，如此这般，我的初七人日生鱼粥才算大功告成。

还有初九拜天公[①]，假如我有份参与，我该喝什么茶呢？我去参观过一次，只记得重头戏是一条烧猪，用于“还神”，表示这人曾向满天神佛许下心愿而愿已了，为酬谢众神们今日献上大肥猪一只。那猪，金黄脆皮香得不行，于尾端还给圈了朵红纸剪成的花，非常愉快地请人笑纳。我妹说面颊肉最好吃，我哥喜欢肥瘦夹层，入口即化，我得体地接纳个个高人意见，大吃四方。嘿，如此嚼皮啖肉夜，若无福建武夷岩茶来压轴，死不瞑目。

①初九拜天公：马来西亚农历新年习俗，籍贯福建者的祭拜仪式。

母亲的白瓷祭壶

有人问家里是否从小有喝茶的习惯，我想到的是母亲。母亲离世这么多年，纵使我已记不清母亲的模样，她规定我每天要做完家里的早课才可去上学的家规，倒烙印般记载在我脑袋某个角落，那些家课：扫地、上香……分明还包括清洗一把大瓷壶以及五六个茶杯。那壶真的是大，洋桶造型，总也有三四公升吧，便是她自家的泡饮茶器。

喝完一壶茶，悠悠长长的一天也摆渡到岸头了。她似乎未曾说过茶的一句好话或坏话，阁下爱喝不喝，悉听尊便。我倒是喝的，从小喝。现偶尔走过茨厂街，在一些姨妈姑爹的手上，还能看到新造的同款大瓷壶，与我心底旧石器时代的童年往事遥遥打照面儿。

她还拥有另一款瓷壶，如今我也知道它姓甚名谁了，水平鸽嘴，约300毫升大，壶身开了两朵红花，在大日子里，专门拿来浸茶作拜祭祖先与神们用，亦属我的家课。凡大日子诸如清明、端午、中秋等，必请出此壶，置丁点茶叶，让热水浸润着。当所有祭品如大肥鸡咬着一束葱、烧肉、发糕、白糖糕等准备就绪后，就是时

母亲的白瓷壶，上世纪70年代的旧物。

候将茶水倒入一套红色的祭壶、祭杯中，摆上神台，母亲于是振振有词和众神打起交道来了。

剩余在水平鸽嘴瓷壶的茶，她把它搁在高处，预备慢慢享用，有时我会偷偷尝一杯半杯。中秋节那日她比较大方，为了祭拜月光，她愿意不惜代价，于晚上再另开泡一壶热茶，她的奢侈感染了我，令我觉得非常刺激，觉得中秋节果真是大大的好日子。

我的母亲，她也为少年版的我，作了绝无仅有一次震撼性的关于茶的启示。话说有一天，她的大儿子与大儿媳妇起了个大纷争，越闹越僵，眼看不行了，不知如何神出鬼没般，她关上大门，坐于祖宗神主牌前，大儿媳妇跪下并递给她一杯茶，喝了那杯茶之后，我家再也没有任何人提起有关这宗纷争的恩恩怨怨，像从未发生过。当时我躲在自己房中看出去，看得一清二楚，一直怀疑茶里到底给下了什么降头①。

母亲逝世后，生前所用过的寒酸的家当，统统归属她二儿媳

①降头：传说中南洋地域的一种巫术。

妇。很多很多年后，我到这二儿媳妇家吃饭，是新年节头，二儿媳妇也张罗祭台准备祭祖了。

早已追随茶道的我，神经兮兮地青睐祭台上一把祭壶，白瓷描墨花，高俊身段，秀美的流。二儿媳妇见是知音，掏心相告：是你母亲留在厨房碗柜里的。我听后如遭雷击动弹不得：母亲，你终于找到我了？要将你珍藏舍不得用的这个遗物传给我？

第二天，我即去买了一把新壶，向她换了母亲那把遗物回家。

龙井品茗记录

一、茶叶：龙井（2004年制）。

二、用铁壶把水煮开，倒入陶制水瓶待用，水瓶不必盖着，让水降温，就这样泡三道，第一道水温最高，第二道刚好，第三道相对低一点。

三、第一道50秒，第二道1分钟，第三道2分钟。

四、泡茶器160毫升，使用陶与瓷两种材质分别冲泡。

五、用同样品饮杯喝，陶器出汤口感低沉，滋味回甘；瓷器出汤香味饱满，蜜味明显。

六、品茗地点：茶友的书店。

上：泡茶前安静坐下，给一点时间让品茗者进入状况。
中：冲泡绿茶，可将热水装入水瓶降温，不必再煮。
下：备用热水可置放一旁保温。

上：水达适温程度即加入茶叶里。
中：2004年龙井。
下：2013年开封、冲泡2004年龙井，泡茶器质地属陶。

上：同一罐茶叶，使用瓷器冲泡的茶汤风格。
中：与陶器出汤风味低沉相比，瓷器出汤风味高扬。
下：茶渣，2013年开封、冲泡2004年龙井。

第五篇　离散茶相

马六甲潮州老伯泡“正铁观音”

到马六甲[1]公干，工毕入一潮州小店用餐，店主已经七十多岁，自小即从广东潮州移居到这里，我的职业病马上一发不可收拾，问：“那你有潮州茶吗？”他反问：“你想喝工夫茶？”能吐出工夫茶三个字，可见老伯确有喝潮州茶经验。但他旋即一喝：“吃过芋泥之后才给你喝。”（是，失敬失敬，浓烈而刁钻的潮州凤凰单丛茶，当然必得先以甜品果腹，喝了才不至于刺激脾胃。一等一的良好饮食习惯。）

时候差不多，只见有个媳妇在准备热水，然后退至一旁，老伯就出马来舞弄那茶事了。（失敬失敬，无论客人尊卑，他都亲力亲为。）由于考虑到晚餐已近尾声，需立刻赶路回吉隆坡，不宜久留，难免多嘴交代一声：“别做太大壶。”老伯头也不抬一下，用淡然的语气驳回：“一人只一杯罢了。”（是，失敬失敬，用心泡的茶、珍贵的茶、好喝的茶何需多？一杯也就够了。）

主角终于出场，老伯为我们奉上他亲手沏的茶，一只嫩黄色

①马六甲：马来西亚地名，该国最早开发的一州。

的圆形瓷托盘，直径约八九寸，绘有粉红华丽花朵及花边、圈了四个白底圈圈，上书喜气洋洋四个大字："万寿无疆"，盘上同款品杯三只，约30毫升大小，摆成"品"字形，满满是艳黄亮丽的茶汤，大大方方置于餐桌正中央，突然间觉得衣衫褴褛、满身臭汗、瞎忙了半天、喧哗了半天的自己特别矜贵起来。

这种茶具我在香港的国货店见过，想必本地辉煌一时的中国货品商店也曾有过，半山芭[①]较旧的杂货店现仍存留一些沧海遗珠在角落。茶道中人未必喜欢它，都说它俗。但这样的茶具以这般气势出现在这样的小店，却仿如一枝青莲出污泥而不染，难得又稀有。呷一口，浓浓苦苦的铁观音滋味，流至喉底逐渐化成甘味。他观察我们一番，确定我们是喝得真欢喜，真欣赏，才主动拿茶壶出来多添加一杯。随着潮州老伯露的这一手工夫茶，我这一天的生活仿如被加冕了一道光圈在头顶，刚好补足我下午失去的能量。

①半山芭：马来西亚地名，位于首都吉隆坡市。

按情理这位潮州老伯冲泡潮州单丛茶该是件极自然的事情，只见柜里摆放着几个方形铁皮茶罐，上书“正铁观音”四个大字，茶端过来，看汤闻香，深深吸一口含在嘴里咀嚼，已知此茶非铁观音，只是一般大路货重火乌龙茶。

一些传统茶业的店家说，从前马来西亚与新加坡的茶商联合向中国进口茶叶来贩卖，来的货品中包括钦点的和配货制度的，配货制度下的产品在当时一般都属于高档货，比如说有铁观音，每次来个十箱八箱，每箱约二十多公斤，这是并非人人消费得起的贵东西，店家们只好每个堂号分摊一些，放在自己家招待贵宾或自饮。

店堂里便售卖些经济化的乌龙啊、色种啊等等。但当时有些新移民犯乡愁想要尝尝家乡来的铁观音，怎么办？店家们为了慰藉这群饥渴的灵魂，就将其中一些较好的乌龙茶命名为铁观音，却依旧用乌龙茶的价格售出，使新移民找到依赖，故很多先辈就把这种味道当作铁观音了。潮州凤凰单丛茶是很少又很难找到的。

听起来有点怪是不？我最初听见时也认为再简单不过一起欺诈事件，挂羊头卖狗肉还哗啦啦说得这么美。回头一想，那个年代的确曾经有过夜深睡觉不需关门防备，路上丢失东西自然有人蹲在那边等着你回去拿，对天发誓就能成为至死不渝的金兰姐妹诸如此类的怪诞荒唐事。安慰一群弱小的茶民的穷灵魂？那简直是小菜一碟。

女王，茶都冷了

不久前我看了部不新不旧的英国电影《The Queen》：某天下午吧，窗外阳光普照，或许在女王书房，忽闻仆人报告，首相来电话，请女王接听。女王夫婿菲立普从一旁闪出来闷闷吼了一声：别管它，喝了茶再说。

原来菲立普正在为老婆大人准备下午茶呢。但是烦哪，全国人民正施加压力胁迫着女王为她前儿媳的死亡下半旗致意，现身她前儿媳的丧府吊丧云云，首相是人民喉舌，做说客来了。女王昂起精致的下巴想了想，令接电话。

当女王盖上话筒那一霎，菲立普转过身来，这次他发怒道：茶都冷了。

或者有人批评女王夫婿不识大体无出息？在如此重要时刻只顾着鸡皮琐事，分分钟耽误大事。但我不这么认为，我认为女王也不这么认为。

菲立普其实并非无理取闹，只不过“喝茶”在他的加冕下早已修成正果晋级为大事，煮茶喝茶有时有候，当然不能随便说要就要，喊停即停。阁下看不过眼，只因阁下暂未达此境界。

女王于喝茶和接电话两件事情上，也的确认真想了想，就是这个大概三秒钟的“想了想”镜头，让人发觉女王对两件事的同等重视，难以割舍。一般人在这种时刻，免不了还是会皱起眉头，用轻视语气吩咐：先让我办完正经事再喝你的茶。但女王没有这样做。

菲立普一定也认为“喝茶”绝对属于正经事，否则他没有必要为了“茶冷”而大动肝火。估计当他发出号令“别管它，喝了茶再说”那个时候实在也迫在眉睫，泡茶法术已施展至尾声，茶叶精魂即将遣返水里，茶汤即将面世，故不应断了气。

“茶都冷了”是一帖不得弥补的遗憾，辜负一手好茶叶（那是会有报应的），浪费一担心机（罚你以后无茶喝），好不容易把化成一股香魂的茶精灵请到，但奈何信徒缺席，致使茶精灵无功而亡，施法者就成为那行凶者了，你说菲立普能不气急败坏么？

说到底，叫他拿杯冷茶请老婆喝，他一百个不愿意；他是一心希望能够给她泡杯热茶的，你知道，热茶的香气袅袅钻进鼻子后，上通天灵盖下至心窝，最能医心病，热茶的苦意，是洗换心灵伤口的良药。

纵使她已身经百战，练得铜皮铁骨好本领，但他关心她，“茶都冷了”的意思是：冷茶不好喝，冷茶也不适宜她喝，也非这个时候喝。这个时候喝冷茶，茶的“寒气”与生涩的心情相克，就会滞留血液里，有违他“舒口气”的原意。“茶都冷了”，是心疼茶，也心疼妻子。如果他愿意为她重新另泡一杯，那就是万千宠爱的意思了。

2004年于荷兰购得80年老的瓷杯，冲泡英国早餐茶。

他们自有一套喝茶心法——英国下午茶

英国人喝茶，自有他们一套心法。

一个早春的下午，参观完从前查理士二世[①]的皇后用来招待人喝下午茶的小客厅，我们从温莎古堡[②]转出来，散着步下山，穿过泰晤士河岸边的依顿桥，走进温莎小镇。这座小镇的历史比古堡的历史要悠久得多，最早建造于罗马人统治时期，几代人事，几经演变，成了贩卖食物和纪念品的商业街，仍维持着那个老样子。

街道背后，有许多露天小巷，朋友指指边上一栋二层高的楼房，像在童话故事里看到的那种造型一般，狭窄，并稍微倾斜，还有漂亮的窗口的茶馆，看看小小的招牌，上书crooked house windsor，他说："就在这里喝下午茶。"

①查理士二世：Charles II（1630—1685），英国国王，1662年与葡萄牙国王若昂四世之女凯瑟琳结婚，凯瑟琳喜茶，因而启动英国皇族品茶契机。

②温莎城堡：Windsor Castle，位于英国英格兰东南部区域伯克郡温莎—梅登黑德皇家自治市镇温莎，1820年建造。

2008年于英国crooked house windsor茶馆喝下午茶。

出汤时使用过滤网隔掉茶渣。

推门而进，迎面左侧是个小小的L字形柜台，右侧旁边是座木楼梯，伸展至楼上，柜台后有两张四人座位的木头方桌，前面一张方桌已经坐满了看起来像一家子的五人，当然，其中不乏牛高马大的大汉。我们一行也五人，分量十足，马上填满了余下的那桌空位。坐下之前，朋友还施施然指挥若定："你，你，坐这边。"我是面向落地玻璃窗口那边，可闲闲地看街景。最后他成功地把自己私藏进最靠墙，无法转身，只能看着柜台或看着我的位置。

侍者身轻如燕，踏着凌波微步飘飘然的，想他的时候他就会出现，很快地，便拿着我们的订单扬长而去。最先派遣的特工部队是每人一组精工不锈钢滤茶器及托，约如A级鸡蛋三分之一大小，接着奉上牛奶与方红糖，再每人一壶茶和一套骨瓷茶杯。如果你认为你要的浓度出现了，便可将滤茶器架于骨瓷茶杯之上，提起茶壶缓缓把茶注入茶杯。为什么需要用到滤茶器？因为此家茶馆

点心架不一定三层，二层也可以。

坚决按照传统规矩只冲泡散茶叶，不使用茶包，滤茶器方便使茶渣与茶水隔开，令香味稳定维持在你要的程度，而不致变涩。

当我们在浸泡茶叶等待时，可爱的凌波仙子提着一个重叠式的三层糕饼盘从天而降，无可置疑地备有小黄瓜三文治及松饼。你知道，此二种供品，是吾辈死硬派的茶国蚁民朝圣下午茶时最迷信的符咒，不然不灵的。

松饼——亦就是张爱玲女士说的司空饼了，每家英国茶馆或每位英国女士都会自家烘制几块的，假使要令人进一步跪拜，其杀手锏势必得捧出一碗家传秘方自制的蓝莓或野草莓果酱，厚厚地涂上，再加上鲜奶油，大口啖之，然后喝一口大吉岭或阿萨姆或伯爵茶，才算够味。

他们的心法在于，不像一些人口口声声宣扬着“只去城中面积最大的茶馆，比如说有五千平方米”，那才配得上他的面子；开口闭口表示不满：“一个人千元一壶茶，那是最贵了吗？给咱来更贵的！”大就是美，贵就是好，已成为这些人的人生唯一目标，茶长成什么样子，是什么滋味，管它呢。

喝茶由我侍候——德国英式早餐茶

旅经德国科隆，我下榻在莱茵河畔一家小旅馆，这里形同科隆大教堂的后花园。该栋建筑物造于1235年，不过四层高，笨拙的尖屋顶，窄窄的小木门，古朴得很，11号码头坐落附近；二次大战前的一段时期，它的角色是货仓；成为旅馆，已经五十年。步入堂内，当年货仓的轮廓依稀能感觉到，搬运工人的吆喝声马上在时间长廊响了起来。掌柜的是位大婶，无巧不成书，她在年轻时（二十多岁）曾随学校到过马来西亚关丹，所以一下子熟稔起来。

小旅馆做的是“床与早餐”[①]营生，它所有所有的好，都不及它的早餐好（自制果酱、手工面包、有机水果不在话下），而它早餐的好是让我们喝到茶里潜藏着的一种礼。所谓“床与早餐”旅馆就是买与卖双方已默默约定：“要什么没什么，如有的话请自己动手，别旨意来人侍候。”所以我们在阿姆斯特丹的早餐茶，没有意外地轮流去拿纸杯、茶包，各自添各自热水。在比利时和伦敦，进一步自扫门前雪，厨房里提供有柄杯，一个杯一个款，像从那里

①床与早餐：欧美地域的经济实惠小旅馆一般只提供简便夜宿与早餐，称“bed and breakfast”,或缩写“B + B”。

拾荒得回来似的，自备茶叶，自煮热水才有茶可喝。

在科隆，大婶掌柜施行的是另一套旨意。（愿你的旨意，如行雷闪电，照在大地上。）她会等你坐好、安顿好外套手提袋，又还未至于去轮候拿自助早餐那一刹那出现，派送大笑脸，然后殷殷垂询："茶或咖啡？"我们一行六人，都按照自己的节奏现身，她不厌其烦过来问六次，我们个别点了茶，她都是一壶一壶做，首先用热水把壶烫一烫，再装热水进壶，小心翼翼打开茶罐，取一个小袋泡茶投入壶内热水中，小袋泡茶的线圈在壶把，盖上壶盖，如此在吧台舞弄一番，再将茶饮奉上。

那时，刚好也是各人拿了一盘食物回到座位准备大啖之前，香喷喷的红茶及时上桌作出贡献，呷一口茶定一定神，再呷一口，唤醒三魂七魄，接着才悠然开始祭五脏庙仪式。趁着问茶和奉茶的关键时刻，大婶会与每人携手表演一段折子戏，或问候或关怀或嘻哈或指点迷津一番，在你心满意足觉得"今日有一个好的开始"之时，她已全身而退，让你安心吃早餐。

你不会不知道"床与早餐"旅馆赚的就是节约人手的工资

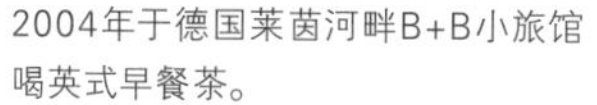

2004年于德国莱茵河畔B+B小旅馆喝英式早餐茶。

红茶可用鲜奶和糖调味。

吧？栖宿了好多家，没有人会花宝贵时间与你说上一句半句话，只求你千万别阻碍地球转。为了解决人手短缺问题，家家都有许多家规，犯了就执行罚款私刑。大婶这家也不见得人手过剩，往往，早餐时段皆由她一人单打，隔天换班由另一姐妹独斗。但有关问茶和奉茶这个仪式，她们仍然乐意进行，没有放弃。放弃，是一件多么容易的事情，然而大婶的气派与餐厅的格局明明白白传达“食物归你自助，喝茶由我侍候”的姿势。

她舞弄茶事的吧台，其实并不落在餐厅范围，她肥大的身躯，需上落①一道矮楼梯，才到达料理台。她为我们预备喝茶的器皿，是德国本土制造的骨瓷，上好骨瓷一般采用40%以上的牛骨粉制作，白度和透明度都很高，细腻滋润。凡喝茶的必全套上阵，包括壶、杯与杯托、银匙、糖罐、奶罐，那红茶，也算是欧洲品牌中的一条好汉了。只要她弄个热水器，排两列纸杯在餐厅，就可以省下多少工夫与心思，但她没有那么做。

①上落：粤语，“落楼梯”即“下阶梯”，“上落”泛指要“上上下下”走过一段楼梯的路程。

在荷兰喝“英国早餐茶”

荷兰人曾经在远东进行海外殖民、垄断东方贸易诸如丝织品、陶器、黄金、砂糖、鹿角、香料、胡椒等，初期通过当时的爪哇从日本转销绿茶、从澳门转销中国茶回欧洲。后来通过本家的东印度公司，从中国输入红茶,在欧洲仙女散花般所到之处必染茶香，算是稳坐史上第一个将茶叶发扬光大（产品化）、开枝散叶至欧洲赚大钱的先驱。

虽然之前有葡萄牙人和西班牙人来过，但西班牙人在茶这方面并无甚作为，葡萄牙则只限于传教人士与宫廷皇室才拥有特权享用，只能算启蒙。荷兰人凭着冒险精神与经商的天分，令红茶平地一声雷闯进平民的生活，迅速成为那个时代美好生活殿堂里的一尊天使，供人日夜朝拜。

即使是这样亮晃晃的金漆招牌，过去了也就过去了。走在荷兰阿姆斯特丹街道上，再也看不出茶叶曾在此翻云覆雨的痕迹。人们不离手的是啤酒，快乐似神仙的也是啤酒，咖啡备受冷落，茶叶更是常常找不到。

幸亏朋友消息灵通，知道在我们下榻的小旅馆同一条街道上有家茶叶博物馆。我们走过去看，以为认错路，明明白白是家茶店；打听之下，了解到底楼天天开门做生意，铺满各式各样的茶叶，以及许多美轮美奂的旧茶桶，一楼才是展览厅，定期定时开放，都是自家收藏的一些旧东西，长期保养照料，不离不弃，是茶艺爱好者私人收藏品的展示，属于私家博物馆。

在阿姆斯特丹转了几天，就只能在旅馆的早餐时段与茶朝圣一次，供应的是喝茶快三宝：一纸杯、二热水器、三茶包。纸杯，永远摆在那里。热水器——逾时不候，上午十点就会自动消失。有个晚上我身体不适，要冲泡自备的普洱茶救命，去柜台求水，他们只好从预备给咖啡的高温蒸馏水器那边施舍了一瓶。茶包——上书英文“English Breakfast Tea”，无品牌，味道含糊。使用英文English Breakfast Tea包装，一目了然，完全属广告招徕手段，试图引导消费者以此味道为荣。

传统上English Breakfast Tea的茶叶由印度、锡兰、中国多地的茶叶特别拼制而成，因为维多利亚女王钦点成名。近代史上叱咤风云的红茶的大教主，正是大不列颠日不落国。英国人虽比荷

荷兰Marken古老渔村家家窗户摆放着珍贵茶壶（一）。

兰人迟入茶业市场，但他们把栽种茶树技术传遍其殖民地之广、把泡茶和喝茶方法制定成一种教养表现之深、把制作红茶的拼配技术提升至艺术境界之高，实在可以形容为打遍天下无敌手。

随后我们抵达阿姆斯特丹近郊一个名为Marken的古老渔村，这种面目全非换位变脸没有茶痕迹的感触更大。Marken四百年来都是一个渔村，无论房子、食物、生活方式仍然维持老样子，乍看之下有如世外桃源。那天刚好雾大，并且降得低低的，我们流浪儿似的往温暖地方躲，闯进一家古董店——是位荷裔老人家的家传祖业，抬眼一看，屋顶上吊着许多黄铜壶，朋友爬上楼梯一个一个全给拿下来，供我挑选。结款时我问店主彼得，平日喝什么茶，用什么杯，他支吾以对，完全没有心得，幸好一直候在我们三尺以外的一位女士——彼得介绍为工作伙伴（来自爱尔兰），她说出她的第一句话："他可不喝茶，我就无茶不欢。"然后款款将杯与杯托递过来给我参考，接着说："里面的茶是English Breakfast Tea。"

英国人制茶喝茶，专业于研究红茶的拼配技术，English

荷兰Marken古老渔村家家窗户摆放着珍贵茶壶（二）。

Breakfast Tea是其中佼佼者。我后来从欧洲等地带了好多红茶回家，诸如阿萨姆红茶、格雷伯爵红茶和英国早餐茶，不动声色地在餐后冲泡给身边的姨妈姑爹世侄外甥享用，他们喝过一杯后，统统眼睛一亮，喝第二杯后，均觉肠胃受落，平日不怎么嗜此物者也自动自发去添第三杯茶。这大概就是红茶香火鼎盛、香客绵绵不绝鱼贯入庙掏出香油钱的原因：好喝。

约始于17世纪，英国人直接从中国引进茶叶至欧洲，他们打破荷兰在远东垄断贸易的传统，由自家的东印度公司作主进出口营生，茶叶只属当时其中一样货品。谁也没料到它的需求量会高到让人那么难以应付，导致英国人紧锣密鼓寻找降低茶叶进口的成本。19世纪，英国人终于在印度、锡兰等地成功栽植茶树与生产红茶，在其多个殖民地成为茶园大地主，确保红茶的产量，同时支配了茶产业的经济动脉与英式红茶的制法及喝法，从此红茶随着英军的大炮大鸣大放，去到哪，红到哪，成为茶世界中一支屹立不倒的茶文化标竿。

红茶的拼配法，开始于英国上流社会贵族的嘴刁，吃惯好的

荷兰Marken古老渔村家家窗户摆放着珍贵茶壶（三）。

喝惯好的，如果喝不到心头爱的那种香味，将会寝食难安，这生活还怎么过？所以他们都会要求相熟的茶叶公司，提供品质、口感长期稳定一致在某个标准的茶。茶行就想出这个方法，挑选大量不同的茶叶（基本上一个茶品包含十五至三十五个茶种），依一定比例，通过拼配法配制出无数个红茶独特风味，并保证年年此味不变，以身相许的痴儿大有人在。你知道，迷恋物质的红尘之人如我，每一种味道代表着一段不可磨灭的记忆，陌生味道实在很难在口腔舌头间找到安身立命之地。

像我们这次喝的英国早餐茶，它的基调形成主要由印度阿萨姆红茶、锡兰红茶、肯尼亚红茶以及中国红茶拼制而得来。红茶拼配最大的优点，就是能将茶的浓度、滋味与色泽取长补短，使茶叶的内涵外形更趋完美。

我觉得它有点像香水或是法国菜中酱料的处理与精加工，师傅们的眼耳口鼻都经过百炼千锤的试验与复习，为的就是使我们的人生过得更美味一些，更愉快一些。茶，也是美食的一种。英国早餐茶汤色艳红而明亮，香气强而丰富，味道饱满，综合了甜、酸、苦而自成一种说不出来的美味，像所有其他美味食物一样，让人回味无穷，喝了还想再喝，吃了还想再吃。一个美味的茶，不必讲什么大道理，路人甲路人乙都会转过头来说要喝。

英式红茶中说得出品牌的，几乎都好喝到要让人吞下舌头，而且，它最功德无量的地方在于：价格公道，就算极品名牌，就算最高级别的TGFOP①，相对其他茶类，它仍然是物超所值，爱喝茶的人大半都喝得起。

①TGFOP：国际红茶标示等级术语中的Tippy Golden Flowery Orange Pekoe，为“精制花橙黄白毫”，意即特优红茶，含有较多金黄芽头。

喝摩洛哥薄荷茶的虔诚

在摩洛哥有过一段短期的游玩，我们是不管三七二十一先赶去卡萨布兰卡（Casablanca）再做其他安排的。非常灼热的下午，抵达卡萨布兰卡巴士总站，人都像狗般躲在阴影中歇息喘气，差点没将舌头吐出来罢了。远处山腰站立着许多白色房子，某些角度可望到回教堂的塔顶，街道并不宽，只见男人们零落散坐或成群结伴坐在小食店无所事事。我们如常办行李、叫车、登记住入旅馆、用餐。很快，朋友们就觉得卡萨布兰卡欠缺生气，于是准备转移阵地，去摩洛哥内陆的马拉喀什（Marrakesh）。

卡萨布兰卡到马拉喀什需要四小时路程，半途中，旅车停靠让大家休息用餐，在一种类似马来甘榜[1]的地道平民小食摊，许多充满了阿拉伯风味的烤羊肉、烙饼等食物吸引住我的同伴们。我单挑了向往已久、摩洛哥人“如果没有你，日子怎么过”的薄荷茶来吃。

薄荷茶所用之茶是绿茶，摩洛哥人称之为Gunpowder的老好

①马来甘榜：马来西亚马来民族生活的高脚屋村庄。

马拉喀什旧城菜市场人人在卖薄荷叶。

珠茶，传统上在浙江一带生产，如今很多地域皆产。初入行时不知就里，被它煞口的苦涩感惊醒沉睡味蕾，初次体验苦涩的余韵原来这么好，永志不忘。煮薄荷茶的壶，必得是一把铜质镀银茶壶或搪瓷茶壶，造型非常阿拉伯，高身，壶盖似清真教堂塔顶，手持把像个钩环，壶嘴成流线型的三弯嘴，别的地方还真没看到过。

在马拉喀什，就算光顾一家再潦倒的小食店，也会看见料理吧台壁架上，闲闲地摆放着几十把这种阿拉伯壶。不必惊讶，再穷也不能穷薄荷茶是摩洛哥人的生活态度。薄荷茶的主角——薄荷叶，问了嫌多余，当然一定要新鲜的。旧城菜市场里，五步一地摊，用个破藤篮或破藤帽，插着大把大把翠绿清香薄荷叶沽价而售。看见摩洛哥人消耗薄荷叶的量，我从今以后认定薄荷茶对他们的重要比生命还大。

为了探茶，我在马拉喀什旧城到处搜查在喝茶的人，简直像在查办失踪人口的警察了，咄咄逼人地问："什么茶？拿出来看看。盒子呢？给喝两口试试。"巴士站托运行李的工作人员，行李在称重量时，从身后变魔术般取出壶来倒茶喝，马上被我逮住录

马拉喀什裁缝店的裁缝师们喝摩洛哥式的下午茶。

马拉喀什街上餐馆薄荷茶上桌的茶具。

口供。因为我会用回教问候语，他们乐于和盘托出、爆料给我知，告诉我薄荷茶应怎样煮。

在小巷寻找蛛丝马迹时，竟然正撞到五个大男人于方寸之地享受下午茶，马上跳进屋里用照相机拍下现场人证物证。那是间百来方尺的裁缝店，向墙边摆着三座裁缝车，小店正中央放一矮木凳，凳上一大托盘，提供的便是一人一杯薄荷茶，与一张大烙饼，裁缝师们随意围坐，用手撕了吃，津津有味地在享用着一天中一段最美好的时光。我这个擅闯民居的不速之客，也要了半杯茶，尝了一口，请茶出来相见，呀，果然是十年如一日的珠茶，还是正正方方一半青一半淡黄的纸盒包装，全部说明换上阿拉伯字，只剩三个字我懂："京冠牌"，赶忙问："哪里买的？"经过一番指点、折腾，我终于在一位老婆婆的咖喱香料摊买到，千里迢迢带回家，至今还收在茶柜里。

摩洛哥人煮的薄荷茶，使用了珠茶、薄荷叶和糖。珠茶英译为Gunpowder，在英语族群中，无论名气、江湖地位都与另一红茶正山小种的英译Lapsang Souchong成一对金童玉女，站在阿拉伯以及欧洲茶业市场云端上遥望着其他总也赶不上的茶类——诸如

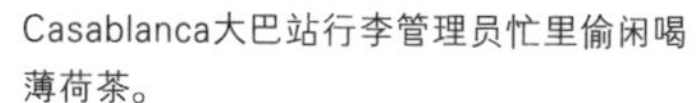
Casablanca大巴站行李管理员忙里偷闲喝薄荷茶。

大巴停靠在野外的小食店，提供薄荷茶的茶具。

白茶、黄茶、青茶或黑茶；这是最够资格呛声[①]国际的两样茶。珠茶外形浑圆如珠，身骨重实，状如早期的枪弹，喝来滋味如苦药在口中爆炸，升华至回甘游刃有余，故译成Gunpowder是用心之作。

珠茶多风行于土耳其、摩洛哥及北非等地，有人说那是阿拉伯裔茶民的酒，因宗教关系，他们不许喝酒，唯以刺激感超强的茶当酒。此言说来对摩洛哥茶民太轻慢，需要喊冤。在皮革、旧货市场，当身边的煮水炉已然噗噗作响，老板就会放下身段，温顺地煮起茶来。在轰轰烈烈的夜市场，贩售薄荷茶的老板居高临下站于桌上，手提长嘴黄铜壶给食摊前每位食客暇逸添茶，犹如观音大使挥洒杨枝甘露。再普通的居民，也会于一些小冷巷弄个火炉，在白花花的阳光下，借公共水龙头清洗两把新鲜薄荷叶，然后边做活边等烧水；水烧开了，从口袋中轻取茶盒，抓些珠茶投水里煮；等珠茶煮开了，加进新鲜薄荷叶继续煮；等茶汤煮得浓稠后，将碗中所有糖——很多很多的糖加入煮匀，每人可分一玻璃杯香浓甜腻热薄荷茶。泡茶仪式进行时，他们有一种膜拜的虔诚。

①呛声：台语，原来说“唱声”，现泛指表达出自己的意见，发出自己的声音。

遇见越南老太太自晒花茶

在越南游走了一圈，惊讶自己原来一无所知，在胡志明市，人们执行奉茶礼规，一如经常强调拥有精深茶文化底韵的一些地区，论投入感，只有过之而无不及。这里的茶叶种类也许不够多，茶具也许没有那般华丽，但他们奉茶时所照应到的温馨可人却远远地超水准。

首日住进的那家名唤长客屋的民宿，由一对六十多岁老夫妇经营，他们是华侨第二代，退休英语教师。寒暄安顿一番后，老太太马上要下厨去，说是给我们做杯茶。茶做来了，朋友要冷的，我要热的，都散发着幽幽茉莉花香。朋友呷一口马上发觉，她这杯冰花茶仍然含有很重的茶味，而且浇了两三滴酸柑汁调拌，花果味饱满爽口，及时醒神。一般人做的茉莉花茶加冰，往往没有留意茶的味道会让冰水给释淡，所以茶只泡至平常喝茶的浓度，淡得难受，都是水味。

如果泡茶时只例行公事拨茶叶、倒热水就以为完成工作一了百了，对自己的作品从来提不起兴趣尝尝味道，他们当然不清楚自己泡得好不好，或什么才叫好喝。就算糊里糊涂喝了，没去想及

有亲自泡茶奉茶的老板娘，小旅馆因而有光彩。

“假如是一位初来乍到的游客，该怎样喝才觉得舒服”这类问题，也难保茶会不遭厄运。故老太太说，虽然她雇了一位女帮佣，但做茶与铺床却从来亲力亲为，不假手他人。

我要喝热茶这回事似乎让老太太很有共鸣，我随口问一句：这是什么茶？她便慢条斯理从开天辟地说起：南越不产茶，种茶的茶山都在北越；我们所喝的是绿茶，加茉莉花；好的绿茶很难买到，喝惯的这个，必须托亲戚自北越河内市带回来。茉莉花呢，必须到附近一间庙门前摆的摊贩那儿买，托儿子骑摩托车去，那些花都属于礼佛的花，新鲜干净。茉莉花一次只买一个星期的用量，买回家后必须平摊放在竹箩中，搬到天台上晒太阳，直至干透为止。到了这时，茉莉干花便可混拌进绿茶中，然后将它密封，必须等到要喝时才能打开。这与一般所喝到的熏制茉莉花茶有些不一样，熏制茉莉花茶在茉莉吐香时让茶叶吸香，最后会把花弃掉，但是老太太这边也不怎么加工，就自自然然地将花和茶叶一起浸泡。

我有点狐疑：越南最出名的茶不是莲花茶——家家户户的常饮茶？很多朋友游玩越南后给我带的手信就是莲花茶。莲花茶属于花草茶的一种，通常采用的是青莲花，有些人也称它为百合、洋蓟，采摘后小心地长时间烘焙，喝起来没有莲花香，倒是有点淡淡的椒辛味。

老太太笑了：我喜欢茉莉花茶。

您什么时候开始喝茶？

老太太又笑了："当我很年轻很年轻的时候，或者说，从小，凡遇上我家有客人到访时，我便必须泡茶奉给他们喝。"来自一个与茶为伍的家庭环境，从小与茶交朋友，怪不得她拥有私人秘方配茶。

如此一个简单姿势，老太太的生活变得异样温柔，异样恬淡。茶壶并非象征品味的道具布景，茶叶来源无不琅琅又自然上口，壶的白、汤的黄统统显示了她独到的体验与心得，小小的简陋的第一郡范五老[①]社区，因为有她而让我挂念着。

①第一郡范五老：越南地名。

贡茶在胡志明

在越南胡志明市，于一般庶民餐馆用餐完毕后，侍应生都会轻飘飘送一壶热茶上桌，既不说什么客套话，也不乘势呈上账单。我自作多情地想：莫非供食客清口养胃？这礼貌习惯真好。

为什么能让人看着觉得舒服？我粗粗地琢磨了一下，因为它适时而做，当阁下需要它的时候，还未讲出口，它就马上出现在阁下面前。

适时而做，不等于提前早早做，一碗姜汤、几片热带水果、两粒生熟蛋、一杯茶，诸如此类小小的幸福，都应该执着现场亲手为之，那才叫作真心款待；绝不能预先做好，用保鲜纸包裹着，放在边上等候出列，这只能算是例行公事。届时该热的不热，该冷的不冷，甚至有些已经濒临质变，开始败坏，本来好好的一种境界，统统变成孽缘；侍应生把食客当讨债的，食客把侍应生当冤家，互派对方的不是。

想不明白他们到底怎样才做得到。用餐过程和平常在别地餐馆无多大出入，我们吃吃喝喝一番，最后擦擦手靠背歇歇，侍应生马上有感应，两人一前一后飘然而至，前面那位略作清理，后面那位贡上热茶。

相对于那些把食客当奴隶的大款侍应生，他们少了一分自惭形秽，多了一分自重自足，精彩的是“轻飘飘”像拥有一身轻功的体态、手势与脚步，不惊动周围的空气，有的是不张扬的热情，不喧哗的礼貌，没有多余的嚷嚷，叫人感到没有负担的惬意舒心，好比事情本来就该这个样子。

贡茶是如此奉送：一套精致的雪亮白瓷壶与茶杯，盛放着已经冲泡好的茶水，味道中等，温热刚刚适口。精致白瓷，表示胎骨优美，烧造工艺良好；雪亮，表示壶身玲珑透彻之余，也显示这壶的清洗、干燥、卫生护理工作做得够彻底。

准备的是“茶水”茶，而非“含叶”茶或“茶包”茶，说明考虑周到，体谅食客们的处境，这时候他们已在培养饱呃，不欲动手，茶来张口属神来之笔。“茶包”茶虽未至于太复杂扰乱食客雅兴，但明显看得出来，这城市的人仍非常讲究亲手作业，茶包主义者若欲攻克还须努力耕耘呢。“含叶”茶就是将茶叶置入壶内，添加热水，再等着候着它浸渍释放味道，直至满意为止才倒出来。

这劳什子牵涉许多计算，器具的材质、大小影响投茶量多寡，茶类制程影响冲泡所需水温高低，可冲泡次数如何判断，每一泡所需水温如何调整，以及每一泡必须浸泡时间是长是短等等。怎么能贸贸然把此浸泡茶叶的压力加诸于食客上，又怎么能期待食客一时三刻就会将茶泡好享用？

奉送“茶水”茶看似简单不过，其实它的难度皆在养兵千日用兵一时的操练，茶水间亦等于有支小军队在经营，只有这样，出来的贡茶才会完美无瑕地味道中等，温热刚刚适口。

追踪白毫乌龙香气的一晚

我说我想去台湾看看白毫乌龙茶，蔡荣章老师就请一位学生把我带到坪林。上茶山的路不很远，但有点耽搁，我们从上午九时出发，抵达山上已经接近下午三时了，茶叶正在晾晒。当天所采集的鲜叶，已经一批一批在进行着不同程度的萎凋与发酵，满天满地满心满眼都布满了，有些在阳光底下磨炼着、有些在遮阴下乘凉、有些在发酵室闭关，我一头就沉迷在茶叶里。

现场每几个箩筐叶子代表一批，便会有张出世纸，写着某日某时采，不同山头、批次采下的鲜叶，需视时辰的长短、叶子老嫩、虫子叮咬的情况而决定走水要晒多长久的太阳，故把批次记下来才不会混乱。与我们一起同车运到现场的鲜叶，制茶师傅说太迟了，决定晾在屋檐下。

来不及寒暄，制茶师傅正要把屋外萎凋着的叶子一箩筐一箩筐搬进发酵室。看看天色开始阴暗，我也加入帮工，空气有点凉和潮湿，这时候不管那些叶子萎凋的程度是不是已经达到我们想要的程度，是否已经转化成理想的程度，都必须进入室内，避免寒气侵袭。制茶师傅下令，搬动时不许碰触叶子、不许摇晃叶子，需维持叶子不重叠，原位不动，免得影响叶子仍处于走水的关键状况。

细细看，从叶子卷曲的状况透露它们消水的速度、叶子从绿转红的色变过程在诉说着它们的精魂“走”到哪里了。好的气味我们很想挽留，不好的气味我们希望将它变好，变不好时我们会想办法剔除它，剔除不去，那就留着吧。

发酵室里，一箩筐一箩筐的叶子被一层层架空在木架子上，整个空间弥漫着一股叫人着魔的香气，非叶香非芽香，非花香非果香，它不像我们喝茶时所感受的那样，那时它们已修成正果。但现在，这是叶子正在用自己的真身，欲将天地间的灵气，塑造自己灵魂的修炼阶段，由于每批叶子不一样，故香气里面融合了各种气味，它有苦它有甜它有辛它有酸它有蜜它有涩，说不出来的一种嚼之有味的香气，自顾自活在空气中，如此脆弱的香却如此强烈地宣告它的存在。

终于把全部叶子转移进屋子内，安顿好它们的位置、次序，天也开始慢慢黑齐了，师傅把门窗都关上，让室内保留一些空气中的湿气以滋润叶子，让叶细胞在阴凉安静中能够更加平均消失

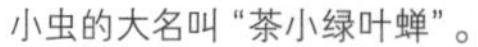

小虫的大名叫“茶小绿叶蝉”。

2011年白毫乌龙茶。

水分，我们就悄然退出，趁此空档安排晚饭。饭后我们开始了一场彻夜不眠不休的守候，守着一屋子的叶子，抓香。

抓香，是白毫乌龙茶制茶过程中萎凋与发酵的性命攸关之事，白毫乌龙茶之所以成为白毫乌龙茶，那是制茶时我们采用“重萎凋重发酵”的方法去塑造它的灵魂，即嗅闻时我们所能品赏到的熟果香，泡饮时我们为之深深着迷的蜜味喉韵，如果一个白毫乌龙茶没有这种只属于它的签名式香味，就根本不应该叫白毫乌龙，只能算是随便任何一个乌龙茶罢了。

制作白毫乌龙茶时抓香的关键条件，得先采集一些经虫子叮咬过的茶芽作原料。虫子的大名叫茶小绿叶蝉，也有人叫它浮尘子，要等到每年夏季炎热气候，它们才会大量繁殖，遇上茶芽冒出的时候，它们就会去叮咬叶子。事实上它们算是害虫，但受茶小绿叶蝉叮咬后的茶芽，水分含量降低，无形中使氧化酵素活性较正常叶子高出许多，这特性刚好是白毫乌龙重萎凋程度所需要的，用这种“着延”过的原料制作白毫乌龙，才能有利于大大提升茶的蜜香味。这虫子不容易看到，我说我想要看它，制茶师傅告诉我这

白毫乌龙茶渣，2013年。

时候来迟了，要爬到很高有很晒的太阳光之所在，也许还会有。

萎凋制程中最困难的地方，是如何让叶子在我们希望的气温与时辰中消失水分，消失水分不等于干枯。失去部分水分，空气中的氧才能与叶细胞起化学变化，叶子通过这种变化来酝酿本身的色香味。有了适当茶青，经过太阳的日光萎凋，故此现在我们才拥有一个守住一屋子茶香的夜晚。

接下来的整个晚上，我们每隔一段时辰就需进屋子里嗅嗅闻闻，看看茶青。不同气候、不同原料要施予不同的照顾，比如湿度过低时，叶子容易失水极易造成干燥，很快便会死掉，这时应关上所有门窗借此提高气温来缓和；如果湿度过高时，叶脉向外散发水分又少又慢，以至叶心里面仍然潮湿，将造成积水，这时需把门窗打开，开着风扇使之散热。

初始，制茶师傅只让茶青放着不许动，经过一段时间的静置，嗅出、看出水分均匀分布整片叶子了，就用双手轻轻把茶叶搅拌碰触，促使水分加速散发，接着又是放回原位去静置，让水分继续均匀分布，就这样一次次闻香、抓香，一次次看完又看，一次静置，一次搅拌，一次静置……不断循环去做，直至所有叶细胞都达到我们期待的含水量为止。

到了半夜三时多，当天第一批茶青终于完成搅拌工序，制茶师傅吩咐我到货仓包装间歇息一会。醒来已是清晨五时正，我马上钻进发酵房，心底唯恐错过一些什么似的。乍看毫无动静，经过搅拌的叶子一团一团用棉布包着，但观看制茶师傅神情，我隐隐然察觉到这是抓香最紧张的时刻了。

抓香，要抓到“最香之前的香”，莫贪心要等它再香一点，等它再香一点，一旦过了“最香”的时辰，叶子的香就会一泻千里，叶子就会死掉，再也追不回来。抓香，要抓香气程度，比如说香蕉香，是生香蕉香，还是熟香蕉香，还是熟到要烂掉的香蕉香，就看制茶师傅的经验了。

制茶师傅会时不时打开布团来嗅闻，只要发觉我们要的香气出现了，就可以将茶青拿去杀青。杀青后便是制作白毫乌龙茶最关键的静置回润工序，此工序以潮湿布覆盖、团包着从滚筒倒出来的杀青叶，目的有二：一、让茶叶在潮湿中继续发酵，这将使成茶外观艳丽，汤色显琥珀红；二、使叶脉中的水分散至叶面，降低叶面硬度以利揉捻，茶叶不易折断。

回润一段时间后，茶青烘干，茶叶灵魂也就修成正果，白毫乌龙茶即宣告诞生了。白毫乌龙，也有叫它东方美人的，那是属商品讲故事的名称。此茶使用乌龙茶制法，但它有别于其他所有乌龙茶最独特的地方，即它是采集茶芽所制，故此茶叶条索尽显白毫，名为白毫乌龙实属理性分析。

白毫乌龙品茗记录

一、茶叶：白毫乌龙（台湾，2013年夏制，又称东方美人）。

二、瓷茶壶，200毫升。

三、置入三分之一壶茶叶，约8克。

四、水烧开后稍降温开始冲泡，第一道：2分钟，第二道：2分钟，第三道：2分钟。第四道：2分钟，第五道：2分钟，第六道：2分钟。

五、经虫子“着延”过后的茶芽制成的白毫乌龙成品茶较硬，茶成分释出的速度较慢，要有足够的浸泡时间，否则尝不到它的味道。

六、香味：汤润亮，口感稠、滑，蜜香饱满，有收敛性。

七、品茗地点：茶行门市一角。

上左：泡茶前需先看茶识茶，了解后才泡。
上中：置茶入壶勿让茶叶跌出壶外。
上右：提拿煮水器、泡茶器时，手臂勿提高，手肘需垂下。

下左：奉茶时要看着对方微笑或行礼。
下中：看看美丽的汤。
下右：细细品味。